普通高等教育电子信息类专业教材

电工电子技术实验指导书

主　编　李翠英　聂　玲　魏　钢　罗彦玲

副主编　刘兴华　苏盈盈　孙先武

主　审　吴培刚　许弟建

中国水利水电出版社
www.waterpub.com.cn
·北京·

内 容 提 要

本书是依据“电工电子技术”课程教学的基本要求，基于智能网络化电工电子实验平台，编写的非电类各专业的实验教学用书，满足了普通工科院校非电类专业学生对“电工电子技术”课程实验的要求。

本书的实验数据和实验波形全部通过数字式仪器仪表进行采集，保证实验数据的真实性、可靠性。实验教材主要内容有：直流电路、日光灯线路安装及测试、三相交流电路、三相异步电动机、低频单管电压放大器、运算放大器的线性应用、直流稳压电源、门电路的应用等共 22 个实验。根据要求将验证性实验进行了一些改革，更新成具有综合性和设计性的实验，从而锻炼学生的综合应用能力。

本书可作为高等院校非电类专业电工学、电工电子技术课程的配套实验指导书，也可供工程技术人员参考。

图书在版编目（CIP）数据

电工电子技术实验指导书 / 李翠英等主编. -- 北京：中国水利水电出版社，2020.4（2023.3 重印）
普通高等教育电子信息类专业教材
ISBN 978-7-5170-8463-1

Ⅰ. ①电… Ⅱ. ①李… Ⅲ. ①电工技术－实验－高等学校－教学参考资料②电子技术－实验－高等学校－教学参考资料 Ⅳ. ①TM-33②TN-33

中国版本图书馆CIP数据核字(2020)第043718号

策划编辑：寇文杰　　责任编辑：王玉梅　　封面设计：梁　燕

书　　名	普通高等教育电子信息类专业教材 **电工电子技术实验指导书** DIANGONG DIANZI JISHU SHIYAN ZHIDAO SHU
作　　者	主　编　李翠英　聂　玲　魏　钢　罗彦玲 副主编　刘兴华　苏盈盈　孙先武 主　审　吴培刚　许弟建
出版发行	中国水利水电出版社 （北京市海淀区玉渊潭南路 1 号 D 座　100038） 网址：www.waterpub.com.cn E-mail：mchannel@263.net（答疑） sales@mwr.gov.cn 电话：（010）68545888（营销中心）、82562819（组稿）
经　　售	北京科水图书销售有限公司 电话：（010）68545874、63202643 全国各地新华书店和相关出版物销售网点
排　　版	北京万水电子信息有限公司
印　　刷	三河市鑫金马印装有限公司
规　　格	170mm×227mm　16 开本　8 印张　152 千字
版　　次	2020 年 4 月第 1 版　2023 年 3 月第 2 次印刷
印　　数	3001—4000 册
定　　价	21.00 元

前　　言

“电工电子技术”课程是高等工科院校实践性较强的专业技术基础课。根据应用型人才培养目标的要求，在理论教学的同时，还要重视实验教学环节。通过实验巩固学生的电工与电子技术基础理论知识，培养学生的实践技能、动手能力和分析问题及解决问题的能力，启发学生的创新意识并发挥创新思维能力。

本书作为本科学校非电类工科专业电工电子技术课程的实验教材，按照模块化、网络化的教学理念和教学体系进行编写，更注重精选内容，力争务实新颖；在理论上以必需、够用为度；在原理和概念的阐述上力求准确、详略得当，便于理解、自学。

本书共22个实验，分为3个层次。实验一至实验十四，是验证性实验，旨在巩固和验证课堂上的理论知识，部分实验单元安排了必做、选做和提高（书中用*号表示）等不同层次的内容，以适应不同专业学生的实验要求。实验十五至实验二十，是综合性设计性实验，旨在综合多个单一知识点，加深理论知识的理解和融会贯通，以提高学生的综合应用能力，可视专业要求安排相应内容。实验二十一至实验二十二，是虚拟仿真实验，旨在介绍实验方法的多元化、提出仿真理念、开拓思路、增强学生自学能力，在教学实施过程中，可指定部分自学能力较强的学生完成，以满足不同层次学生的要求。

本书由李翠英、聂玲、魏钢、罗彦玲任主编，刘兴华、苏盈盈、孙先武任副主编。具体分工如下：李翠英编写实验一、实验八、实验九、实验十五、附录A和附录C，并对全书内容进行了统稿、修改；张俊林、朱光平编写实验二至实验五；刘兴华、苏盈盈编写实验六、实验七、实验十四；罗彦玲编写实验十、附录B；孙先武编写实验十一至实验十三；聂玲、张海燕编写实验十六至实验十八、实验二十一、实验二十二；石岩、魏钢编写实验十九、实验二十。本书由吴培刚、许弟建任主审，对全书的体例框架及内容的编写提出了许多宝贵意见和建议。在此，向参与本书编写及审核工作的同事们表示感谢，同时感谢重庆科技学院电工电子实验中心及电气工程课程组的教师们的大力支持和帮助。

由于编者水平有限，书中难免存在许多不足，敬请读者提出批评和改进意见。

编　者

2019年9月

目　录

实验一　直流电路

一、实验目的

（1）验证基尔霍夫定律的正确性，加深对基尔霍夫定律的理解。
（2）学会用电流插头、插座测量各支路电流。
（3）验证电路中电位的相对性、电压的绝对性。
（4）验证线性电路叠加原理的正确性，加深对叠加原理的认识和理解。

二、实验原理

1. 基尔霍夫定律

基尔霍夫定律是电路的基本定律。某电路的各支路电流及每个元件两端的电压，应能分别满足基尔霍夫电流定律（KCL）和电压定律（KVL）。即对电路中的任一个节点而言，应有 $\Sigma I=0$；对任何一个闭合回路而言，应有 $\Sigma U=0$。

运用上述定律时必须注意各支路电流或闭合回路的正方向，此方向可预先任意设定。

2. 电位测量原理

在一个闭合电路中，各点电位的高低视所选电位参考点的不同而变，但任意两点间的电位差（即电压）则是绝对的，它不因参考点的变动而改变。

在电位计算中，任意两个被测点的电位值之差即为该两点之间的电压值。

在电路中电位参考点可任意选定。对于不同的参考点，所绘出的电位图形是不同的，但其各点电位变化的规律却是一样的。

3. 叠加原理

对于多个独立电源共同作用的线性电路，通过每个元件的电流或其两端的电压，可以看成由电路中各个电源（电压源或电流源）单独作用时，在该元件上所产生的电流或电压的代数和。线性电路的电流或电压均可用叠加原理计算，但功率不能用叠加原理计算。

三、实验设备

（1）可调直流稳压电源，0～30V，双路。

（2）万用表，1 块。

（3）直流数字电压表，0～200V，1 块。

（4）基尔霍夫定律/叠加原理实验电路挂箱，TKDG-03，1 件。

四、实验内容与步骤

选用 TKDG-03 挂箱的“基尔霍夫定律/叠加原理”电路。实验线路如图 1-1 所示，电路上的 K_1 和 K_2 应拨向两边电源侧，K_3 应拨向 330Ω侧，3 个故障按键均不得按下。

先将两路直流稳压电源输出电压值分别调至 U_1=6V，U_2=12V，再接入实验线路中。

1. 基尔霍夫电流定律（KCL）的验证

（1）实验前先任意设定 3 条支路电流正方向。图 1-1 中 I_1、I_2、I_3 的方向已设定。

（2）熟悉电流插头的结构，将电流插头的两端接至数字毫安表的＋、－两端。

（3）利用电流插头分别测量 3 条支路的 3 个电流，并记录电流值于表 1-1 中。

（4）根据基尔霍夫电流定律（KCL）计算 ΣI 值，填入表 1-1 中。

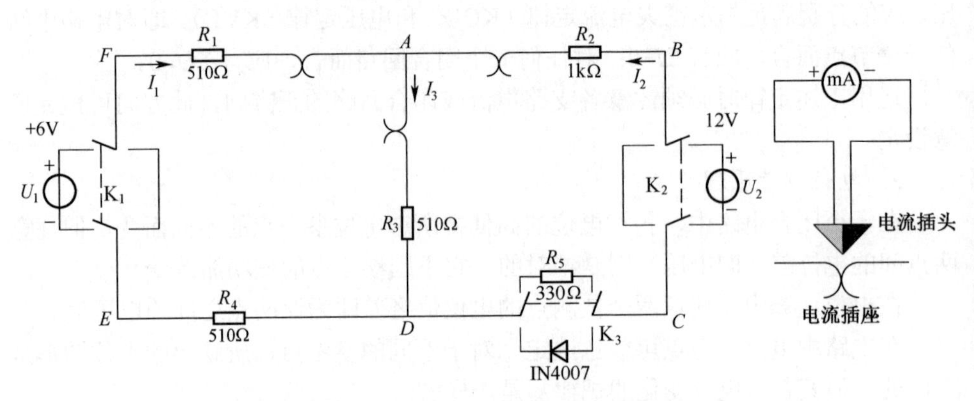

图 1-1　验证基尔霍夫定律和电位测量电路

表 1-1　验证 KCL 数据

I_1/mA	I_2/mA	I_3/mA	ΣI

2. 基尔霍夫电压定律（KVL）的验证

（1）用直流数字电压表分别测量两路电源及电阻元件上的电压值，记录于表 1-2 中。

闭合回路的正方向可任意设定。

（2）根据基尔霍夫电压定律（KVL）计算 ΣU 值，填入表 1-2 中。

表 1-2　验证 KVL 数据　单位：V

回路					
回路 *ABCDA*	U_{AB}	U_{BC}	U_{CD}	U_{DA}	ΣU
回路 *ADEFA*	U_{AD}	U_{DE}	U_{EF}	U_{FA}	ΣU

3. 电位的测量

（1）以 A 点作为电位的参考点，分别测量 B、C、D、E、F 各点的电位，并用测量值计算任意两点之间的电压，如 U_{AB}、U_{BC}、U_{CD}、U_{DE}、U_{EF} 及 U_{FA}，填入表 1-3 中。

（2）以 D 点作为参考点，重复步骤（1）的测量，并记录于表 1-3 中。

（3）比较表 1-3 中的两组数据有何异同，再与表 1-2 中的部分数据比较，是否相同。

表 1-3　不同参考点电位与电压数据　单位：V

电位参考点	测量值						用测量值计算					
	U_A	U_B	U_C	U_D	U_E	U_F	U_{AB}	U_{BC}	U_{CD}	U_{DE}	U_{EF}	U_{FA}
A												
D												

4. 叠加原理的验证

（1）将开关 K_3 拨向 330Ω侧，测试电路为线性电路。

1）开关 K_1 拨向电源侧，K_2 拨向左侧，+6V 电源单独作用时，测量 I_1、I_2、I_3 电流，并记录于表 1-4 中。

2）开关 K_2 拨向电源侧，K_1 拨向右侧，+12V 电源单独作用时，测量 I_1、I_2、I_3 电流，并记录于表 1-4 中。

（2）将开关 K_3 拨向下方，测试电路为非线性电路，重复（1）中 1）、2）步骤，并记录于表 1-4 中。

（3）比较表 1-4 中数据与表 1-1 中数据，验证叠加原理和适用条件。

表 1-4 验证叠加原理数据 单位：mA

电路性质	作用电源	I_1	I_2	I_3
线性电路（K_3 拨向上方）	6V 电源单独作用			
	12V 电源单独作用			
	ΣI			
非线性电路（K_3 拨向下方）	6V 电源单独作用			
	12V 电源单独作用			
	ΣI			

五、预习要求

（1）写出基尔霍夫定律的基本内容。

（2）写出电位、电压测量的基本方法。

（3）根据图 1-1 的电路参数，计算出待测的电流 I_1、I_2、I_3 和各电阻上的电压值，记入表中，以便实验测量时，可正确地选定毫安表和电压表的量程。

（4）写出叠加原理的基本内容及适用条件。

六、注意事项

（1）本实验电路箱是多个实验通用，基尔霍夫定律和叠加原理实验中需要使用电流插头，电位测量实验不使用电流插头。

（2）所有需要测量的电压值，均以电压表测量的读数为准。U_1、U_2 也需进行测量，不能直接读取电源本身的显示值。

（3）防止稳压电源两个输出端碰线短路。

（4）用数字电压表或电流表测量，则可直接读出电压或电流值。但应注意：所读得的电压或电流值的正、负号应根据设定的电流参考方向来判断。

（5）用数字电压表测量电位时，用负表笔（黑色）接参考电位点，用正表笔（红色）接被测各点，直接读取显示值。

七、思考题

（1）实验中，若用指针式万用表测电流和电压，在什么情况下可能出现指针反偏？应如何处理？在记录数据时应注意什么？若用数字表进行测量，则会有什么显示呢？

（2）若以 F 点为参考电位点，实验测得各点的电位值。若令 E 点作为参考电位点，试问此时各点的电位值应有何变化？

八、实验报告要求

（1）根据实验数据，选定节点 A，验证 KCL 的正确性。

（2）根据实验数据，选定实验电路中的任一个闭合回路，验证 KVL 的正确性。

(3)完成电位测量数据表格中的计算，并总结电位的相对性和电压的绝对性。

（4）完成叠加原理表格中的计算，并总结叠加原理及适用条件。

实验二　戴维南定理的验证

一、实验目的

（1）验证戴维南定理的正确性，加深对该定理的理解。

（2）掌握测量有源二端网络等效参数的一般方法。

二、实验原理

（1）任何一个线性含源网络，如果仅研究其中一条支路的电压和电流，则可将电路的其余部分看作是一个有源二端网络（或称为含源二端网络）。

戴维南定理指出：任何一个线性有源网络，总可以用一个电压源与一个电阻的串联来等效代替，此电压源的电动势U_S等于这个有源二端网络的开路电压U_{OC}，其等效内阻R_0等于该网络中所有独立源均置0（理想电压源视为短接，理想电流源视为开路）时的等效电阻。U_{OC}和R_0称为有源二端网络的等效参数。

（2）有源二端网络等效参数的测量方法。

1）开路电压、短路电流法测 R_0。在有源二端网络输出端开路时，用电压表直接测其输出端的开路电压 U_{OC}，然后再将其输出端短路，用电流表测其短路电流I_{SC}，则等效内阻为

$$R_0 = \frac{U_{OC}}{I_{SC}}$$

如果二端网络的内阻很小，若将其输出端口短路则易损坏其内部元件，因此不宜用此法。

2）伏安法测 R_0。用电压表、电流表测出有源二端网络的外特性曲线，如图2-1所示。根据外特性曲线求出斜率$\tan\varphi$，则等效内阻为

$$R_0 = \tan\varphi = \frac{\Delta U}{\Delta I} = \frac{U_{OC}}{I_{SC}}$$

也可以先测量开路电压U_{OC}，再测量电流为额定值I_N时的输出端电压值U_N，则等效内阻为

$$R_0 = \tan\varphi = \frac{U_{OC} - U_N}{I_N}$$

3）半电压法测 R_0。如图 2-2 所示，当负载电压为被测网络开路电压的一半时，负载电阻（由电阻箱的读数确定）即为被测有源二端网络的等效内阻值。

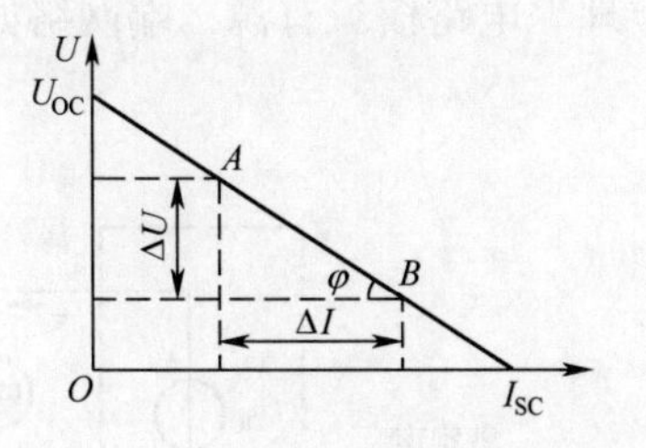

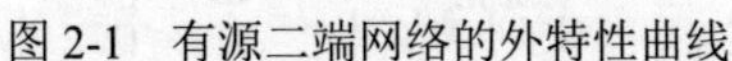
图 2-1　有源二端网络的外特性曲线

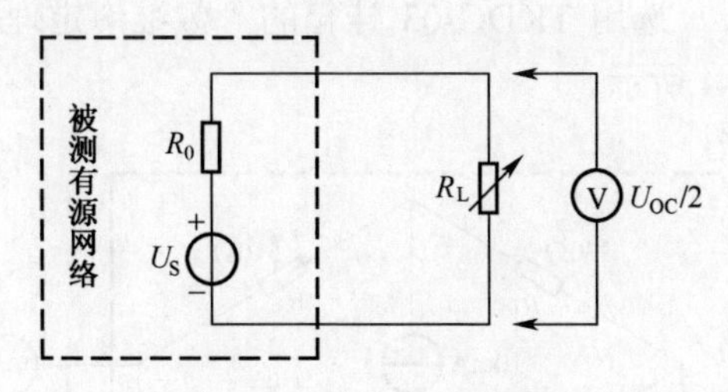

图 2-2　半电压法测 R_0

4）零示法测 U_{OC}。在测量具有高内阻有源二端网络的开路电压时，用电压表直接测量会造成较大的误差。为了消除电压表内阻的影响，往往采用零示法，如图 2-3 所示。

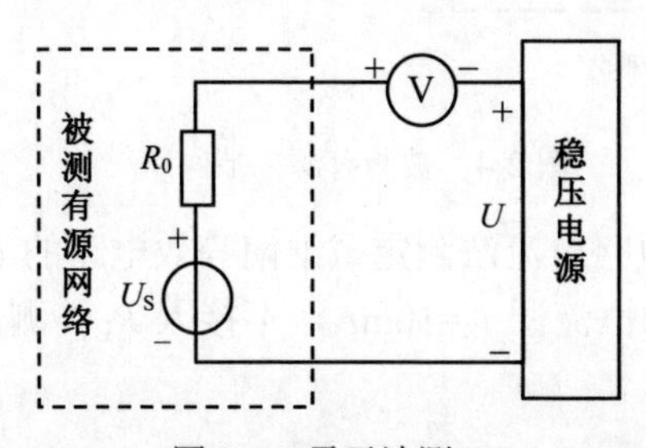

图 2-3　零示法测 U_{OC}

零示法测量原理是用一低内阻的稳压电源与被测有源二端网络进行比较，当稳压电源的输出电压与有源二端网络的开路电压相等时，电压表的读数将为 0。然后将电路断开，测量此时稳压电源的输出电压，即为被测有源二端网络的开路电压。

三、实验设备

（1）可调直流稳压电源，0～30V，1 路。

（2）可调直流恒流源，0～500mA，1 路。

（3）直流数字电压表，0～200V，1 块。

（4）直流数字毫安表，0～2000mA，1 块。

（5）万用表，1 块。

（6）戴维南定理实验电路板挂箱，TKDG-03，1 件。

四、实验内容与步骤

选用 TKDG-03 挂箱的“戴维南定理/诺顿定理”电路板。有源二端网络如图 2-4 所示。

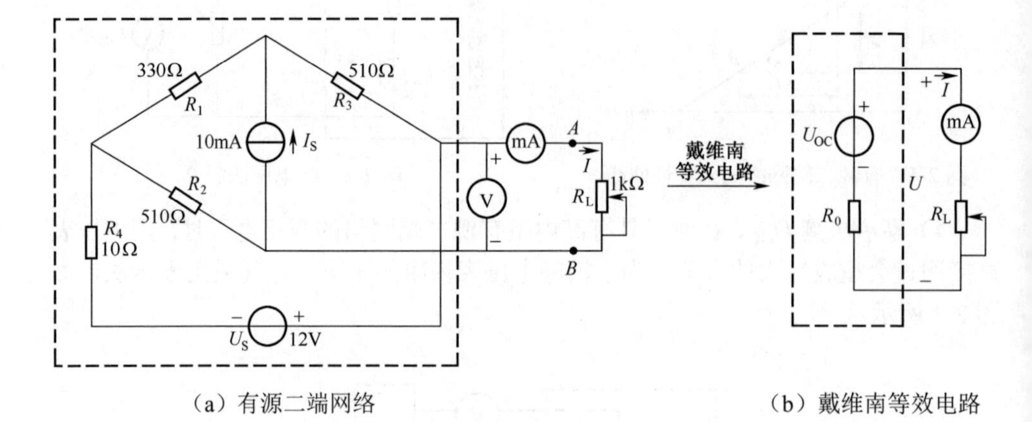

（a）有源二端网络　　（b）戴维南等效电路

图 2-4　被测有源二端网络

（1）用开路电压、短路电流法测定戴维南等效电路的 U_{OC}、R_0。按图 2-4（a）接入稳压电源 U_S=12V 和恒流源 I_S=10mA，不接入 R_L。测出 U_{OC} 和 I_{SC} 记录于表 2-1 中，并计算出 R_0。

表 2-1　戴维南等效参数数据

U_{OC}/V	I_{SC}/mA	$R_0=U_{OC}/I_{SC}$/Ω

（2）负载实验。按图 2-4（a）接入 R_L。改变 R_L 的阻值，读取电压表和电流表的相应数值，填入表 2-2 中。

表 2-2　有源二端网络的外特性数据

U/V					
I/mA					

（3）验证戴维南定理：从电阻箱上取得按步骤（1）所得的等效电阻 R_0 的值，然后令其与直流稳压电源［调到步骤（1）所测得的开路电压 U_{OC} 的值］相串联，如图 2-4（b）所示，仿照步骤（2）测其外特性，对戴维南定理进行验证，数据记录于表 2-3 中。

表 2-3　等效网络的外特性数据

U/V					
I/mA					

（4）有源二端网络等效电阻（又称入端电阻）的直接测量法。电路连接如图 2-4（a）所示。将被测有源网络内的所有独立源置 0（将电流源 I_S 断开，去掉电压源 U_S，并在原电压源的位置用一根短路导线代替），然后用伏安法或者直接用万用表的 Ω 挡去测定负载 R_L 开路时 A、B 两点间的电阻，此即为被测网络的等效内阻 R_0，或称网络的入端电阻 R_i。

（5）用半电压法和零示法测量被测网络的等效内阻 R_0 及其开路电压 U_{OC}。线路及数据表格自拟。

五、预习要求

（1）根据图 2-4（a）计算出开路电压 U_{OC}、等效内阻 R_0。

（2）写出有源二端网络等效参数的测量方法。

六、注意事项

（1）测量时应注意电流表量程的更换。

（2）实验步骤（4）中，电压源置 0 时不可将稳压源短接。

（3）用万用表直接测 R_0 时，网络内的独立源必须先置 0，以免损坏万用表。其次 Ω 挡必须经调零后再进行测量。

（4）用零示法测量 U_{OC} 时，应先将稳压电源的输出调至接近于 U_{OC}，再按图 2-3 测量。

（5）改接线路时，要关掉电源。

七、思考题

（1）在测量等效参数时，做短路实验，测 I_{SC} 的条件是什么？在本实验中可否直接做负载短路实验？实验前请对线路图 2-4（a）预先做好计算，以便调整实验线路及测量时可准确地选取电表的量程。

（2）说明测有源二端网络开路电压及等效内阻的几种方法，并比较其优缺点。

八、实验报告要求

（1）根据实验步骤（2）（3），分别绘出曲线，验证戴维南定理的正确性，并分析产生误差的原因。

（2）根据实验步骤（1）（4）（5）的几种方法测得的 U_{OC} 和 R_0 与预习时电路计算的结果做比较，你能得出什么结论？

（3）归纳、总结实验结果。

实验三　R、L、C串联电路

一、实验目的

（1）验证电阻、感抗、容抗与频率的关系，测定 R-f、X_L-f 及 X_C-f 特性曲线。

（2）加深理解 R、L、C 元件端电压与电流间的相位关系。

二、实验原理

（1）在正弦交变信号作用下，R、L、C 电路元件在电路中的抗流作用与信号的频率有关，它们的阻抗频率特性 R-f、X_L-f、X_C-f 曲线如图 3-1 所示。

（2）单一参数 R、L、C 阻抗频率特性的测量电路如图 3-2 所示。

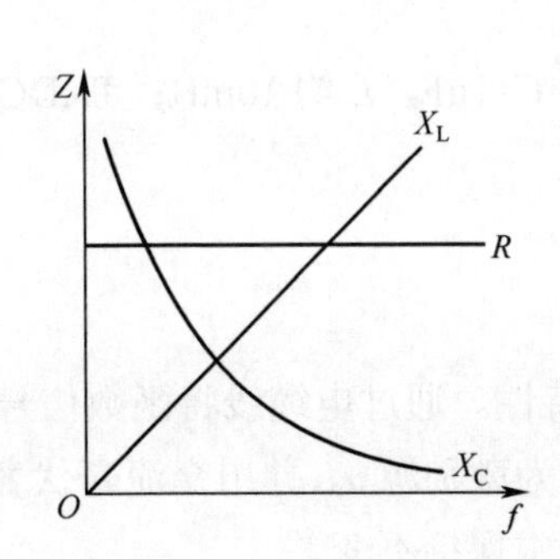

图 3-1　R、L、C 的阻抗频率特性

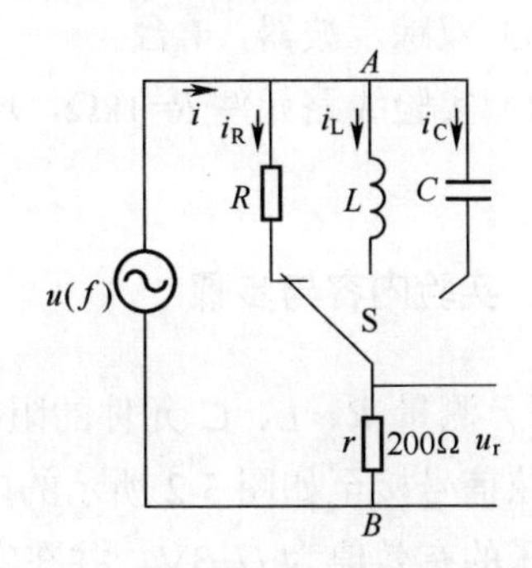

图 3-2　频率特性的测量电路

图中 R、L、C 为被测元件，r 为电流取样电阻。改变信号源频率，测量 R、L、C 元件两端电压 U_R、U_L、U_C，流过被测元件的电流则可由 r 两端电压除以 r 的阻值得到。

（3）元件的阻抗角（即相位差 φ）随输入信号的频率变化而改变，将各个不同频率下的相位差画在以频率 f 为横坐标、阻抗角 φ 为纵坐标的坐标纸上，并用光滑的曲线连接这些点，即得到阻抗角的频率特性曲线。

用双踪示波器测量阻抗角的方法如图 3-3 所示。从荧光屏上数得一个周期占 n 格，相位差占 m 格，则实际的相位差 φ（阻抗角）为

$$\varphi=m\times\frac{360^\circ}{n}$$

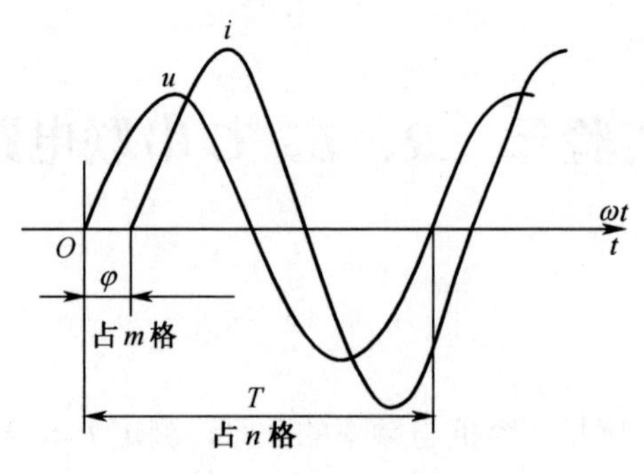

图 3-3　测量阻抗角的方法

三、实验设备

（1）函数信号发生器，1 台。

（2）交流毫伏表，1 块。

（3）双踪示波器，1 台。

（4）实验线路元件 R=1kΩ，r=200Ω，C=1μF，L 约 10mH；TKDG-05 挂箱，1 件。

四、实验内容与步骤

（1）测量 R、L、C 元件的阻抗频率特性。通过电缆线将函数信号发生器输出的正弦信号接至如图 3-2 所示的电路，作为激励源 u，并用交流毫伏表测量，使激励电压的有效值为 U=3V，并在实验过程中保持不变。

使信号源的输出频率从 200Hz 逐渐增至 5kHz 左右，并使开关 S 分别接通 R、L、C 三个元件，用交流毫伏表分别测量 U_R、U_r；U_L、U_r；U_C、U_r，并通过计算得到各频率点时的 R、X_L 与 X_C 值，记入表 3-1 中。

注意：*在接通 C 测试时，信号源的频率应控制在 200～2500Hz 之间。*

表 3-1　R、L、C 元件的阻抗频率特性的测量数据

频率 f		200Hz	1kHz	1.5kHz	2kHz	2.5kHz
R	U_R/V					
	U_r/V					
	$I_R=U_r/r$/mA					
	$R=U_R/I_R$/kΩ					

续表

频率 f		200Hz	1kHz	1.5kHz	2kHz	2.5kHz
L	U_L/V					
	U_r/V					
	$I_L=U_r/r$/mA					
	$X_L=U_L/I_L$/kΩ					
C	U_C/V					
	U_r/V					
	$I_C=U_r/r$/mA					
	$X_C=U_C/I_C$/kΩ					

（2）用双踪示波器观察 r、L 串联和 r、C 串联电路在不同频率下阻抗角的变化情况，按图 3-3 所示的方法记录 n 和 m，算出 φ，自拟表格记录之。

五、预习要求

写出单一参数 R、L、C 元件在正弦信号作用下的电抗与频率关系式，电压与电流的相量表达关系式。

六、注意事项

（1）信号源的输出电压在输出频率改变或负载改变后都会发生变化，故应随时重新校准，并注意输出端禁止短接。

（2）测 φ 时，应注意示波器公共点的选择。

七、思考题

（1）容抗和感抗的大小与哪些因素有关？

（2）在直流电路中电容和电感的作用如何？

（3）怎样用双踪示波器观察 r、L 串联和 r、C 串联电路阻抗角的频率特性？

八、实验报告要求

（1）根据实验数据，在方格纸上绘制 R、L、C 三个元件的阻抗频率特性曲线，从中可得出什么结论？

（2）根据实验数据，在方格纸上绘制 r、L 串联，r、C 串联电路的阻抗角频率特性曲线，并总结、归纳出结论。

实验四　日光灯线路安装及测试

一、实验目的

（1）研究正弦交流电路中电压、电流相量之间的关系。

（2）掌握日光灯线路的接线。

（3）理解改善电路功率因数的意义并掌握其方法。

二、实验原理

（1）在单相正弦交流电路中，用交流电流表测得各支路的电流值，用交流电压表测得回路各元件两端的电压值，它们之间的关系满足相量形式的基尔霍夫定律，即$\Sigma\dot{I}=0$和$\Sigma\dot{U}=0$。

（2）日光灯线路如图 4-1 所示，图中 A 是日光灯管，内充有稀薄的惰性气体和少量的水银，管内壁涂有荧光物，两端装有灯丝。L 是镇流器，具有铁芯的线圈。S 是启辉器，一个氖气小泡，内有固定电极与双金属片电极。C 是补偿电容器，用以改善电路的功率因数（$\cos\varphi$ 值）。日光灯的工作原理请自行翻阅有关资料。

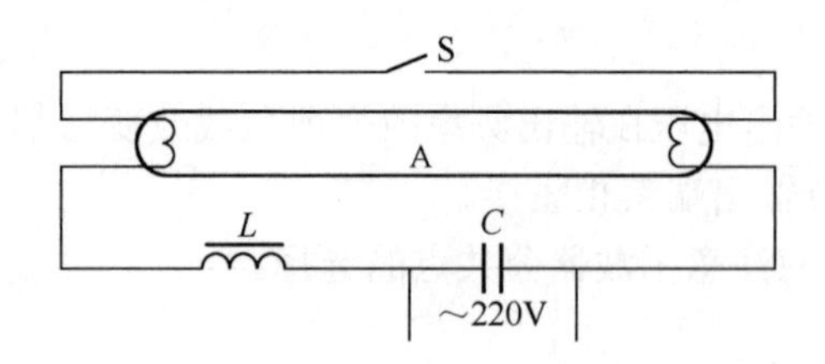

图 4-1　带补偿电容器的日光灯电路接线图

（3）在图 4-1 所示的 R_A、L 串联支路中，若 L 为理想元件，则在正弦稳态信号 $\dot{U}$ 的激励下，$\dot{U}_A$ 与 $\dot{U}_L$ 保持有 90º 的相位差，即 $\dot{U}$、$\dot{U}_C$ 与 $\dot{U}_A$ 三者形成一个直角形的电压三角形。但实际的镇流器 L 在工作时会发热，有损耗，和理想的电感元件不同，我们可以近似地用 Z_L，即一个电阻 R_L 和一个理想的感抗 X_L 串联模型等效代替。则各个参数可以利用实验测量的数据通过计算得到。

电路的总电阻 $R=\dfrac{P}{I^2}$，灯管的等值电阻 $R_A=\dfrac{U_A}{I_L}$，镇流器的等值电阻 $R_L=R-R_A$，镇流器的等值阻抗 $|Z_L|=\dfrac{U_L}{I_L}$，镇流器的等值感抗 $X_L=\sqrt{|Z_L|^2-{R_L}^2}$，

电路的功率因素 $\cos\varphi=\dfrac{P}{UI}$。

三、实验设备

（1）可调三相交流电源，0～450V，1 路。
（2）交流数字电压表，0～500V，1 块。
（3）交流数字电流表，0～5A，1 块。
（4）单相功率因数表，1 块。
（5）日光灯实验电路板挂箱，TKDG-04-1，1 件。

四、实验内容与步骤

选用 TKDG-04-1 挂箱的“日光灯电路实验”电路板。

（1）按图 4-2 接线，先设置并联电容为 0，即未并联电容，然后接通控制屏电源，功率表测量功率 P，通过 1 块电流表和 3 个电流插座分别测得 3 条支路的电流 I、I_L、I_C，电压表测电压 U、U_L、U_A 等值，记入表 4-1 中。

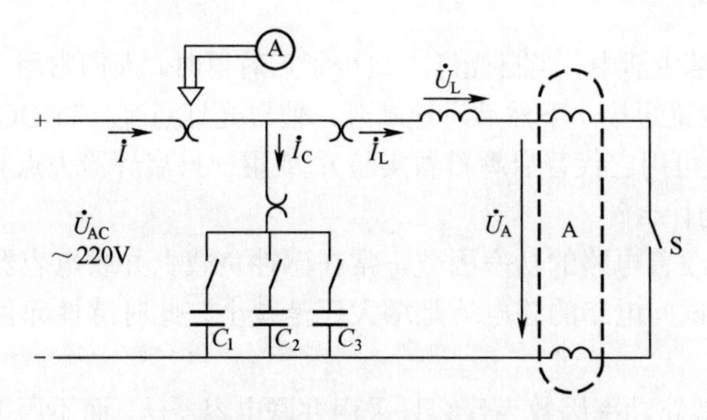

图 4-2　带补偿电容器的日光灯电路接线图

表 4-1　提高 cosφ 的测量数据

电容值 /μF	测量数值							计算值			
	P/W	U/V	U_A/V	U_L/V	I/A	I_L/A	I_C/A	R	R_A	X_L	cosφ
0											
1								\	\	\	
3								\	\	\	
4.7								\	\	\	
6.7								\	\	\	

（2）改变电容值，进行 4 次重复测量并记录于表 4-1 中，验证电流相量关系。

（3）计算 R、R_A、X_L、$\cos\varphi$ 的值，填入表 4-1 中。

五、预习要求

（1）参阅课外资料，写出日光灯的启辉原理。

（2）用相量图画出并联电容法改善功率因数的原理图。

六、注意事项

（1）本实验用交流市电 220V，务必注意用电和人身安全。通电后不得触摸实验电路的导电部分，换接电路时必须先切断电源。发现异常，应立即断电。

（2）功率表要正确接入电路。

（3）线路接线正确，日光灯不能启辉时，应检查启辉器及其接触是否良好。

（4）实验结束，因电容上已充电，不要用手触摸电容器，可用导线将电容短路进行放电。

七、思考题

（1）在日常生活中，当日光灯上缺少了启辉器时，人们常用一根导线代替启辉器，将相应位置短接一下然后迅速断开，使日光灯点亮（TKDG-04-1 实验挂箱上有短接按钮，可用它代替启辉器做实验）；或用一只启辉器去点亮多只同类型的日光灯，这是为什么？

（2）为了改善电路的功率因数，常在感性负载上并联电容器，此时增加了 1 条电流支路，试问电路的总电流是增大还是减小？此时感性元件上的电流和功率是否改变？

（3）提高线路功率因数为什么只采用并联电容器法，而不用串联法？所并的电容器是否越大越好？

八、实验报告要求

（1）完成数据表格中的计算，分析 $\cos\varphi$ 变化的原因。

（2）根据实验数据 U、U_A、U_L，说明电压间的关系；根据实验数据 I、I_L、I_C，绘出电流相量图，验证相量形式的基尔霍夫定律。

（3）讨论改善电路功率因数的意义和方法。

（4）谈谈装接日光灯线路的心得体会。

实验五　三相交流电路

一、实验目的

（1）掌握三相负载作星形连接、三角形连接的方法，验证这两种接法线、相电压及线、相电流之间的关系。

（2）充分理解三相四线供电系统中中线的作用。

二、实验原理

（1）三相负载可接成星形（又称Y形）或三角形（又称△形）。当三相对称负载作 Y 形连接时，线电压 U_l 是相电压 U_p 的 $\sqrt{3}$ 倍。线电流 I_l 等于相电流 I_p，即

$$U_l=\sqrt{3}U_P \qquad I_l=I_p$$

在这种情况下，流过中线的电流 $I_0=0$，所以可以省去中线。

当对称三相负载作△形连接时，有

$$I_l=\sqrt{3}\,I_p \qquad U_l=U_p$$

（2）不对称三相负载作 Y 连接时，必须采用三相四线制接法，即 Y_0 接法。而且中线必须牢固连接，以保证三相不对称负载的每相电压维持对称不变。

倘若中线断开，会导致三相负载电压的不对称，致使负载轻的那一相的相电压过高，使负载遭受损坏；负载重的一相相电压又过低，使负载不能正常工作。尤其是对于三相照明负载，无条件地一律采用 Y_0 接法。

（3）当不对称负载作△接时，$I_l\neq\sqrt{3}\,I_p$，但只要电源的线电压 U_l 对称，加在三相负载上的电压仍是对称的，对各相负载工作没有影响。

三、实验设备

（1）可调三相交流电源，0～450V，1 路。

（2）交流数字电压表，0～500V，1 块。

（3）交流数字电流表，0～5A，1 块。

（4）三相负载实验电路板挂箱，TKDG-04，1 件。

四、实验内容与步骤

选用 TKDG-04 挂箱的“三相负载实验”电路板。将控制屏左侧的三相调压器的旋柄置于输出为 0 的位置（即逆时针旋到底）。开启实验台三相电源开关，然后调节调压器的输出，使输出的三相线电压为 220V。

1. 三相负载星形连接（三相四线制供电）

按图 5-1 所示线路连接实验电路。三相灯组负载经三相自耦调压器接通三相对称电源。按数据表格要求的内容完成各项实验，将所测得的数据记入表 5-1 中，并观察各相灯组亮暗的变化程度，特别要注意观察中线的作用。

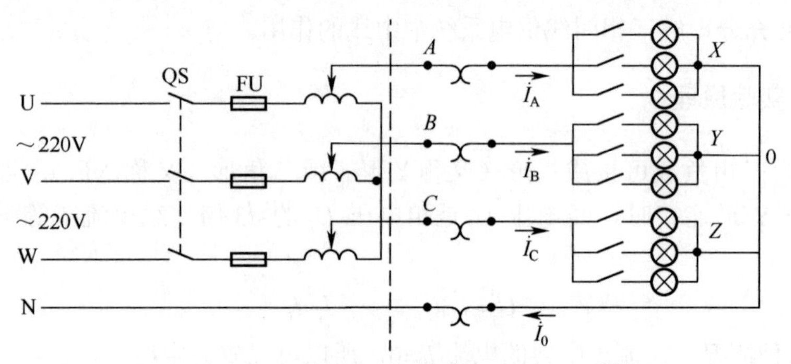

图 5-1 三相负载星形接法电路

表 5-1 三相负载星形连接时测量的数据

负载情况	开灯盏数			线电流/A			线电压/V			相电压/V			中线电流	中点电压
	A相	B相	C相	I_A	I_B	I_C	U_{AB}	U_{BC}	U_{CA}	U_{A0}	U_{B0}	U_{C0}	I_0/A	U_{N0}/V
Y_0接对称负载	3	3	3											
Y 接对称负载	3	3	3											
Y_0接不对称负载	1	2	3											
Y 接不对称负载	1	2	3											
Y_0接 B 相断开	1	断	3											
Y 接 B 相断开	1	断	3											

2. 负载三角形连接（三相三线制供电）

按图 5-2 改接线路，接通三相电源，并调节调压器，使其输出线电压为 220V，并按数据表 5-2 中的要求进行测试。

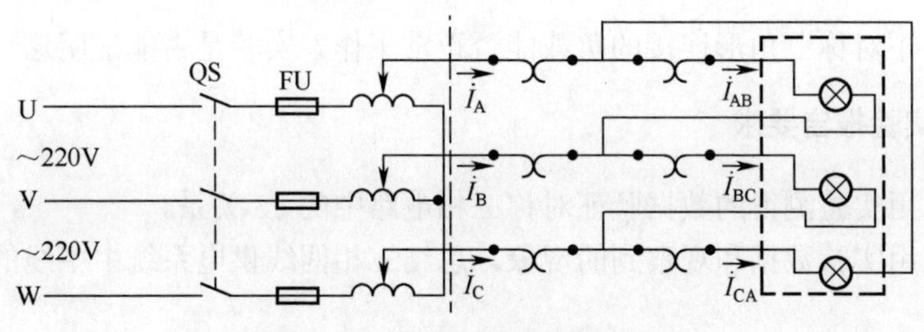

图 5-2　三相负载三角形接法电路

表 5-2　三相负载三角形连接时测量的数据

负载情况	开灯盏数			线电压=相电压/V			线电流/A			相电流/A		
	A-B 相	B-C 相	C-A 相	U_{AB}	U_{BC}	U_{CA}	I_A	I_B	I_C	I_{AB}	I_{BC}	I_{CA}
三相对称	3	3	3									
三相不对称	1	2	3									

五、预习要求

（1）复习三相电路有关理论知识。

（2）熟悉三相负载作星形或三角形连接的电路结构。

六、注意事项

（1）本实验采用三相交流市电，线电压为 220V，实验时要注意人身安全，不可触及导电部件，防止意外事故发生。

（2）每次接线完毕，应自查一遍，方可接通电源，必须严格遵守先断电、再接线、后通电；先断电、后拆线的实验操作原则。

（3）做星形负载短路实验时，必须首先断开中线，以免发生短路事故。

（4）为避免烧坏灯泡，TKDG-04 实验挂箱内设有过压保护装置。当任一相电压大于 245V 时，即声光报警并跳闸。

七、思考题

（1）试分析三相星形连接不对称负载在无中线情况下，当某相负载开路或短路时会出现什么情况？如果接上中线，情况又如何？

（2）本次实验中为什么要通过三相调压器将 380V 的市电线电压降为 220V 的线电压使用？

（3）不对称三角形连接的负载能否正常工作？实验是否能证明这一点？

八、实验报告要求

（1）用实验测得的数据验证对称三相电路中的$\sqrt{3}$关系。
（2）用实验数据和观察到的现象，总结三相四线供电系统中中线的作用。

实验六　单相变压器

一、实验目的

（1）通过测量，计算变压器的各项参数。

（2）学会测绘变压器的空载特性与外特性。

二、实验原理

（1）图 6-1 为测试变压器参数的电路。由各仪表读得变压器原边（AX，低压侧）的 U_1、I_1、P_1 及副边（ax，高压侧）的 U_2、I_2，并用万用表“$R\times1$”挡测出原、副绕组的电阻 R_1 和 R_2，即可算得变压器的以下各项参数值：

电压比 $K_u=\dfrac{U_1}{U_2}$　　　　电流比 $K_i=\dfrac{I_2}{I_1}$

原边阻抗 $Z_1=\dfrac{U_1}{I_1}$　　　　副边阻抗 $Z_2=\dfrac{U_2}{I_2}$

阻抗比 $K_z=\dfrac{Z_1}{Z_2}$　　　　负载功率 $P_2=U_2I_2\cos\varphi_2$

损耗功率 $P_o=P_1-P_2$　　　　功率因数 $\cos\varphi=\dfrac{P_1}{U_1I_1}$

原边线圈铜耗 $P_{cu1}=I_1^2R_1$　　　　副边铜耗 $P_{cu2}=I_2^2R_2$

铁耗 $P_{Fe}=P_o-(P_{cu1}+P_{cu2})$

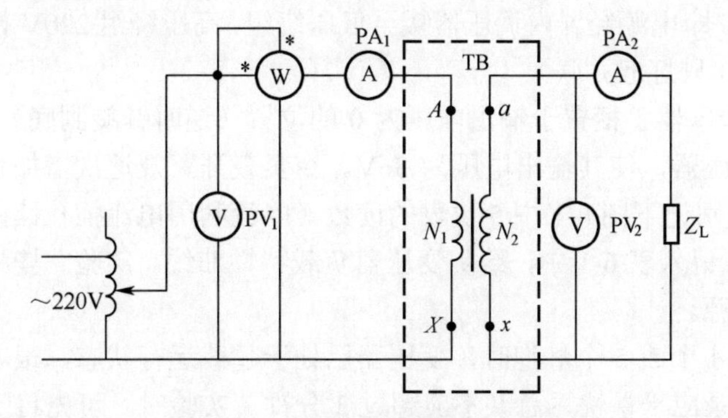

图 6-1　实际变压器参数测量电路

（2）铁芯变压器是一个非线性元件，铁芯中的磁感应强度 B 决定于外加电压的有效值 U。当副边开路（即空载）时，原边的励磁电流 I_{10} 与磁场强度 H 成正比。在变压器中，副边空载时，原边电压与电流的关系称为变压器的空载特性，这与铁芯的磁化曲线（B-H 曲线）是一致的。

空载实验通常是将高压侧开路，由低压侧通电进行测量，又因空载时功率因数很低，故测量功率时应采用低功率因数瓦特表。此外因变压器空载时阻抗很大，故电压表笔应接在电流插孔外侧。

（3）变压器外特性测试。为了满足三组灯泡负载额定电压为 220V 的要求，故以变压器的低压（36V）绕组作为原边，220V 的高压绕组作为副边，即当作一台升压变压器使用。

在保持原边电压 U_1（36V）不变时，逐次增加灯泡负载（每只灯为 15W），测定 U_1、U_2、I_1 和 I_2，即可绘出变压器的外特性，即负载特性曲线 $U_2=f(I_2)$。

三、实验设备

（1）可调三相交流电源，0～450V，1 路。

（2）交流数字电压表，0～500V，1 块。

（3）交流数字电流表，0～5A，1 块。

（4）单相功率表，0～450V、0～5A，1 块。

（5）升压变压器 36V/220V、50VA 实验挂箱，TKDG-04，1 件。

（6）白炽灯，220V、15W，TKDG-04 挂箱上 5 只。

四、实验内容与步骤

选用 TKDG-04 挂箱的“升压铁芯变压器”电路和“三相负载实验”电路板。

（1）按图 6-1 所示线路接线。其中 A、X 为变压器的低压绕组，a、x 为变压器的高压绕组。即电源经屏内调压器接至低压绕组，高压绕组 220V 接 Z_L，即 15W 的灯组负载（3 只灯泡并联）。

（2）将调压器手柄置于输出电压为 0 的位置（逆时针旋到底），合上电源开关，并调节调压器，使其输出电压为 36V。令负载开路及逐次增加负载（最多亮 5 个灯泡），分别记下图 6-1 中 5 块表的读数（电流利用电流插孔读出，电压直接用表笔测量），记入表 6-1 中，绘制变压器负载特性曲线。实验完毕将调压器调回零位，断开电源。

当负载为 4 个或 5 个灯泡时，变压器已处于超载运行状态，很容易烧坏。因此，测试和记录应尽量快，总共不应超过 3 分钟。实验时，可先将 5 只灯泡并联安装好，断开控制每个灯泡的相应开关，通电且电压调至规定值后，再逐一打开各个灯的开关，并记录仪表读数。待开 5 只灯的数据记录完毕后，立即用相应的开关断开各灯。

表 6-1　变压器负载特性数据

负载变化	测量值				
	U_1/V	I_1/A	P/W	U_2/V	I_2/mA
空载					
1 只灯泡					
2 只灯泡					
3 只灯泡					
4 只灯泡					
5 只灯泡					

（3）将高压侧（副边）开路，确认调压器处在零位后，合上电源，调节调压器输出电压，使 U_1 从 0 逐次上升到 1.2 倍的额定电压（1.2×36V），分别记下各次测得的 U_1、空载时的 U_2（即 U_{20}）和 I_1（即 I_{10}）数据，记入表 6-2 中，用 U_1 和 I_{10} 绘制变压器的空载特性曲线。

表 6-2　变压器空载特性数据

测量值	组数					
	1	2	3	4	5	6
U_1/V						
U_{20}/V						
I_{10}/A						

五、预习要求

（1）熟悉变压器的基本结构及工作原理。

（2）了解变压器的外特性和电压调整率，学习绘制外特性曲线。

六、注意事项

（1）本实验是将变压器作为升压变压器使用，并用调节调压器提供原边电压 U_1，故使用调压器时应首先调至零位，然后才可合上电源。此外，必须用电压表监视调压器的输出电压，防止被测变压器输出过高电压而损坏实验设备，且要注意安全，以防高压触电。

（2）由负载实验转到空载实验时，要注意及时变更仪表量程。

（3）遇异常情况，应立即断开电源，待处理好故障后，再继续实验。

七、思考题

(1)为什么本实验将低压绕组作为原边进行通电实验？在实验过程中应注意什么问题？

(2)如何用实验方法测量变压器的铜耗和铁耗？根据空载和负载实验能否判断变压器的质量？

八、实验报告要求

（1）根据实验内容，将数据填入实验表格，绘出变压器的外特性和空载特性曲线。

（2）计算变压器的电压调整率$\Delta U\%=(U_{20}-U_{2N})/U_{20}\times 100\%$。

实验七　三相异步电动机

一、实验目的

（1）熟悉三相鼠笼式异步电动机的结构和额定值。

（2）学习检验异步电动机绝缘情况的方法。

（3）学习三相异步电动机定子绕组首、末端的判别方法。

（4）掌握三相鼠笼式异步电动机的起动和反转方法。

二、实验原理

1. 三相鼠笼式异步电动机的结构

异步电动机是基于电磁原理把交流电能转换为机械能的一种旋转电机。三相鼠笼式异步电动机的基本结构有定子和转子两大部分。

定子主要由定子铁芯、三相对称定子绕组和机座等组成，是电动机的静止部分。三相定子绕组一般有 6 根引出线，出线端装在机座外面的接线盒内，如图 7-1 所示，根据三相电源电压的不同，三相定子绕组可以接成星形（Y）或三角形（△），然后与三相交流电源相连。

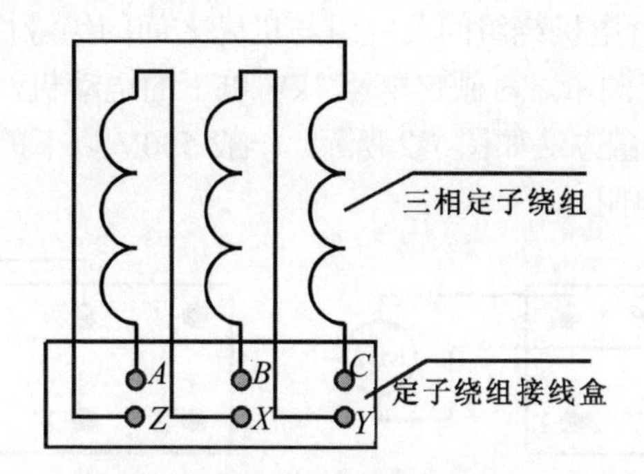

图 7-1　三相定子绕组 6 根引出线

转子主要由转子铁芯、转轴、鼠笼式转子绕组、风扇等组成，是电动机的旋转部分。小容量鼠笼式异步电动机的转子绕组大都采用铝浇铸而成，冷却方式一般都采用扇冷式。

2. 三相鼠笼式异步电动机的铭牌

三相鼠笼式异步电动机的额定值标记在电动机的铭牌上，下面为一异步电动机铭牌。

三相鼠笼式异步电动机		
型号：DQ20	电压：380V/220V	接法：Y/△
功率：180W	电流：1.13A/0.65A	转速：1400r/min
定额：连续	功率因数：0.85	频率：50Hz
绝缘等级：E 级		

其中：

（1）功率：额定运行情况下，电动机轴上输出的机械功率。

（2）电压：额定运行情况下，定子三相绕组应加的电源线电压值。

（3）接法：定子三相绕组接法，当额定电压为 380V/220V 时，应为 Y/△接法。

（4）电流：额定运行情况下，当电动机输出额定功率时，定子电路的线电流值。

3. 三相鼠笼式异步电动机的检查

电动机使用前应作必要的检查。

（1）机械检查。检查引出线是否齐全、牢靠；转子转动是否灵活、匀称、是否有异常声响等。

（2）电气检查。

1）用兆欧表检查电机绕组间及绕组与机壳之间的绝缘性能。电动机的绝缘电阻可以用兆欧表进行测量。对额定电压 1kV 以下的电动机，其绝缘电阻值最低不得小于 1000Ω/V，测量方法如图 7-2 所示。一般 500V 以下的中小型电动机最低应具有 0.5MΩ的绝缘电阻。

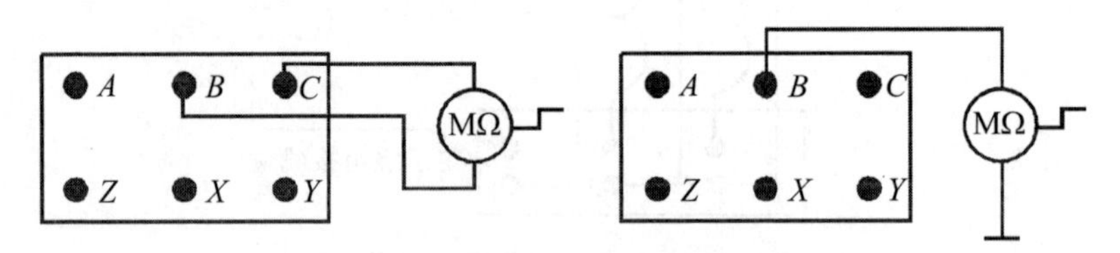

图 7-2　用兆欧表测量电动机的绝缘性能

2）定子绕组首、末端的判别。异步电动机三相定子绕组的 6 个出线端有 3 个首端和 3 个末端。一般，首端标以 *A*、*B*、*C*，末端标以 *X*、*Y*、*Z*，在接线时如果没有按照首、末端的标记来接，则当电动机起动时磁势和电流就会不平衡，因而引起绕组发热、振动、有噪音，甚至电动机不能起动因过热而烧毁。由于某种原因定子绕组 6 个出线端标记无法辨认，可以通过实验的方法来判别其首、末端（即同名端）。常用的判别方法如下：

用万用表 Ω 挡从 6 个出线端确定哪一对引出线是属于同一相的，分别找出三相绕组，并标以符号，如 *A*、*X*；*B*、*Y*；*C*、*Z*。用干电池和万用表的毫安挡（一般用 50μA 挡）进行测量。

把一个绕组的一端接万用表红表笔，另一端接黑表笔，取另一个绕组的一端接干电池负极，拿住另一端迅速触碰电池的正极，如万用表指示摆向大于 0 的一边（即正偏），则电池正极所接线头（即手拿一端）与万用表黑表笔所接线头为同名端；如指针摆向小于 0 的一边（即反偏），则电池正极所接线头（即手拿一端）与万用表的红表笔所接线头为同名端。再将电池接到另一相的两个端头进行试验，就可以确定各相的首尾端。

检查首尾端的正确性，将三个绕组接成三角形，并将万用表（50μA 挡）毫安挡串入连成的回路，转动电动机转子，如万用表指针不动，则说明电动机绕组首尾端连接是正确的，如万用表指针摆动，说明电动机绕组首尾端判断错误或三角形连接错误，应该重新进行测量或联接。

4. 三相鼠笼式异步电动机的起动

鼠笼式异步电动机的直接起动电流可达额定电流的 4～7 倍，但持续时间很短，不致引起电机过热而烧坏。但对容量较大的电机，过大的起动电流会导致电网电压的下降而影响其他负载的正常运行，通常采用降压起动，最常用的是 Y－△换接起动，它可使起动电流减小到直接起动的 1/3。其使用的条件是正常运行必须作△接法。

5. 三相鼠笼式异步电动机的反转

异步电动机的旋转方向取决于三相电源接入定子绕组时的相序，故只要改变三相电源与定子绕组联接的相序即可使电动机改变旋转方向。

三、实验设备

（1）可调三相交流电源，0～450V，1 路。

（2）交流数字电压表，0～500V，1 块。

（3）交流数字电流表，0～5A，1 块。

（4）三相鼠笼式异步电动机，DQ20，1 台。

（5）兆欧表，500V，1 块。

（6）万用表，1 块。

（7）继电接触器控制（一）实验挂箱，TKDG-14，1 件。

四、实验内容与步骤

选用 DQ20 型三相鼠笼式异步电动机和 TKDG-14 继电接触器控制（一）实验挂箱。

（1）抄录三相鼠笼式异步电动机的铭牌数据，并观察其结构，填入表 7-1 中。

表 7-1 实验用三相鼠笼式异步电动机铭牌数据

型号		电压		接法	
功率		电流		转速	
定额		功率因数		频率	
绝缘等级					

（2）用万用表和电池判别电动机定子绕组的首、末端。

（3）用兆欧表测量电动机的绝缘电阻，填入表 7-2 中。

表 7-2 兆欧表测量电动机的绝缘电阻数据

各相绕组之间的绝缘电阻/MΩ		绕组对地（机座）之间的绝缘电阻/MΩ	
A 相与 B 相		A 相与地（机座）	
A 相与 C 相		B 相与地（机座）	
B 相与 C 相		C 相与地（机座）	

（4）鼠笼式异步电动机的直接起动。

1）采用 380V 三相交流电源，将控制屏左侧的三相自耦调压器手柄置于输出电压为 0 的位置；控制屏上三相电压表切换开关置“调压输出”侧；根据电动机的容量选择交流电流表合适的量程。

开启控制屏上三相电源总开关，按“起动”按钮，此时自耦调压器原绕组端 U_1、V_1、W_1 得电，调节调压器输出使 U、V、W 端输出线电压为 380V，3 只电压表指示应基本平衡。保持自耦调压器手柄位置不变，按“停止”按钮，自耦调压器断电。

a. 按图 7-3（a）接线，电动机三相定子绕组接成 Y 接法；供电线电压为 380V；学生可由 U、V、W 端子开始接线，以后各控制实验均同此。

b. 按控制屏上“起动”按钮，电动机直接起动，观察起动瞬间电流冲击情况及电动机旋转方向，记录起动电流，I_{st}=________A。

c. 实验完毕，按控制屏“停止”按钮，切断实验线路三相电源。

2）采用 220V 三相交流电源。调节调压器输出使输出线电压为 220V，电动机定子绕组接成△接法。

按图 7-3（b）接线，重复 1）中各项内容，记录之。

（5）异步电动机的反转。电路如图 7-3（c）所示，按控制屏“起动”按钮，起动电动机，观察起动电流及电动机旋转方向是否反转？

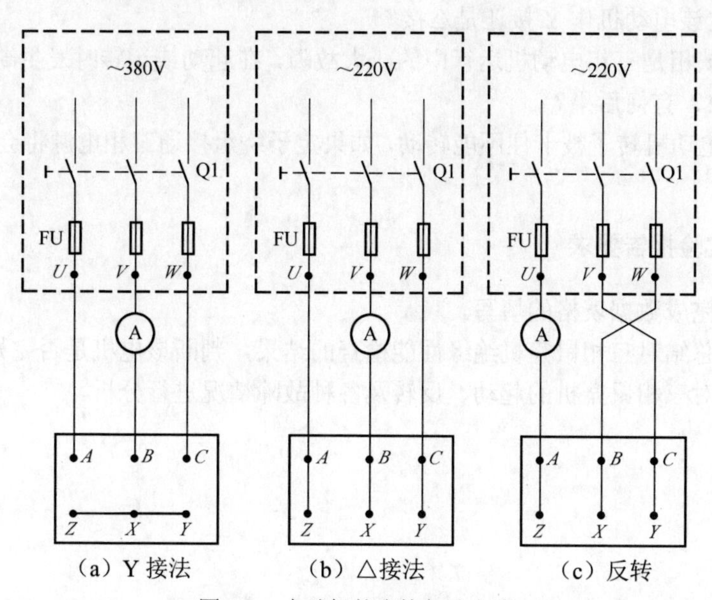

（a）Y 接法　（b）△接法　（c）反转

图 7-3　电动机的直接起动电路

实验完毕，将自耦调压器调回零位，按控制屏“停止”按钮，切断实验线路三相电源。

五、预习要求

（1）了解电动机的铭牌数据和结构特点，熟悉其工作原理。

（2）熟悉电动机的起动方法和各种起动方法的特点。

六、注意事项

（1）本实验系强电实验，接线前（包括改接线路）、实验后都必须断开实验线路的电源，特别是改接线路和拆线时必须遵守“先断电，后拆线”的原则。电机在运转时，电压和转速均很高，切勿触碰导电和转动部分，以免发生人身和设备事故。

（2）起动电流持续时间很短，且只能在接通电源的瞬间读取电流表指针偏转的最大读数（因指针偏转的惯性，此读数与实际的起动电流数据略有误差），如错过这一瞬间，需将电动机停车，待停稳后，重新起动读取数据。

七、思考题

（1）如何判断异步电动机的 6 个引出线？如何连接成 Y 形或△形？又根据什么来确定该电动机作 Y 接还是△接？

（2）缺相是三相电动机运行中的一大故障，在起动或运转时发生缺相，会出现什么现象？有何后果？

（3）电动机转子被卡住不能转动，如果定子绕组接通三相电源将会发生什么后果？

八、实验报告要求

（1）完成数据表格的填写。

（2）总结对三相鼠笼机绝缘性能检查的结果，判断该电机是否完好可用？

（3）对三相鼠笼机的起动、反转及各种故障情况进行分析。

实验八　三相异步电动机的起动控制

一、实验目的

（1）通过对三相鼠笼式异步电动机点动控制和自锁控制线路的实际安装接线，掌握由电气原理图变换成安装接线图的知识。

（2）通过实验进一步加深理解点动控制和自锁控制的特点。

二、实验原理

（1）继电－接触控制在各类生产机械中获得广泛的应用，凡是需要进行前后、上下、左右、进退等运动的生产机械，均采用传统的典型的正、反转继电－接触控制。

交流电动机继电－接触控制电路的主要设备是交流接触器，其主要构造为：

1）电磁系统－铁芯、吸引线圈和短路环。

2）触头系统－主触头和辅助触头，还可按吸引线圈得电前后触头的动作状态，分动合（常开）、动断（常闭）两类。

3）消弧系统－在切断大电流的触头上装有灭弧罩，以迅速切断电弧。

4）接线端子，反作用弹簧等。

（2）在控制回路中常采用接触器的辅助触头来实现自锁和互锁控制。要求接触器线圈得电后能自动保持动作后的状态，这就是自锁，通常用接触器自身的动合触头与起动按钮相并联来实现，以实现电动机的长期运行，这一动合触头称为“自锁触头”。使两个电器不能同时得电动作的控制，称为互锁控制，如为了避免正、反转两个接触器同时得电而造成三相电源短路事故，必须增设互锁控制环节。为操作的方便，也为防止因接触器主触头长期承受大电流的烧蚀而偶发触头粘连后造成的三相电源短路事故，通常在具有正、反转控制的线路中采用既有接触器的动断辅助触头的电气互锁，又有复合按钮机械互锁的双重互锁的控制环节。

（3）控制按钮通常用以短时通、断小电流的控制回路，以实现近、远距离控制电动机等执行部件的起、停或正、反转控制。按钮专供人工操作使用。对于复合按钮，其触点的动作规律是：当按下时，其动断触头先断，动合触头后合；当松手时，则动合触头先断，动断触头后合。

（4）在电动机运行过程中，应对可能出现的故障进行保护。采用熔断器作短路保护，当电动机或电器发生短路时，及时熔断熔体，达到保护线路、保护电源的目的。熔体熔断时间与流过的电流关系称为熔断器的保护特性，这是选择熔体的主要依据。

采用热继电器实现过载保护，使电动机免受长期过载危害。其主要的技术指标是整定电流值，即电流超过此值的20%时，其动断触头应能在一定时间内断开，切断控制回路，动作后只能由人工进行复位。

（5）在电气控制线路中，最常见的故障发生在接触器上。接触器线圈的电压等级通常有220V和380V等，使用时必须认清，切勿疏忽，否则，电压过高易烧坏线圈，电压过低，吸力不够，不易吸合或吸合频繁，这不但会产生很大的噪声，也因磁路气隙增大，致使电流过大，易烧坏线圈。此外，在接触器铁芯的部分端面嵌装有短路铜环，其作用是为了使铁芯吸合牢靠，消除颤动与噪声，若短路环脱落或断裂，接触器将会产生很大的振动与噪声。

三、实验设备

（1）可调三相交流电源，0～450V，1路。

（2）三相鼠笼式异步电动机，DQ20型号，1台。

（3）交流数字电压表，0～500V，1块。

（4）万用表，1块。

（5）继电接触器控制（一）实验挂箱，TKDG-14，1件。

四、实验内容与步骤

选用DQ20型三相鼠笼式异步电动机和TKDG-14继电接触器控制（一）实验挂箱。

认识各电器的结构、图形符号、接线方法；抄录电动机及各电器铭牌数据；并用万用表Ω挡检查各电器线圈、触头是否完好。鼠笼机接成△接法；实验线路电源端接三相自耦调压器输出端*U*、*V*、*W*，供电线电压为220V。

1. 点动控制

按图8-1点动控制线路进行安装接线，接线时，先接主电路，即从220V三相交流电源的输出端*U*、*V*、*W*开始，经接触器KM的主触头，热继电器FR的热元件到电动机M的三个线端*A*、*B*、*C*，用导线按顺序串联起来。主电路连接完整无误后，再连接控制电路，即从220V三相交流电源某输出端（如*V*）开始，经过常开按钮SB_1、接触器KM的线圈、热继电器FR的常闭触头到三相交流电源另一输出端（如*W*）。显然这是对接触器KM线圈供电的电路。接好线路，经指导教师检查后，方可进行通电操作。

（1）开启控制屏电源总开关，按“起动”按钮，调节调压器输出，使输出线电压为220V。

（2）按“起动”按钮 SB_1，对电动机 M 进行点动操作，比较按下 SB_1 与松开 SB1 时电动机和接触器的运行情况。

（3）实验完毕，按控制屏“停止”按钮，切断实验线路三相交流电源。

2. 自锁控制

按图 8-2 所示自锁线路进行接线，它与图 8-1 的不同点在于控制电路中多串联一只常闭按钮 SB_2，同时在 SB_1 上并联 1 只接触器 KM 的常开触头，它起自锁作用。

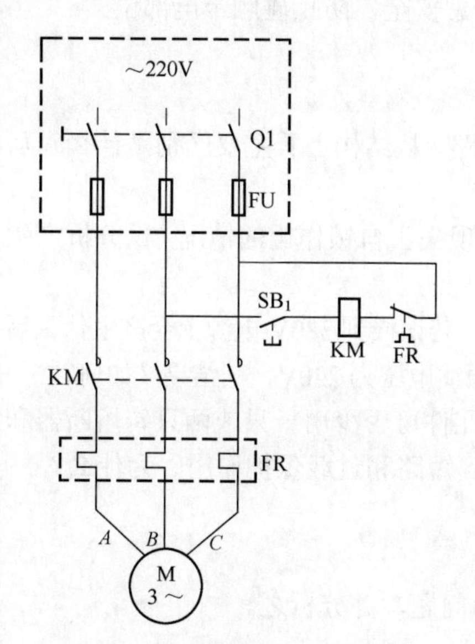

图 8-1　电动机点动控制电路

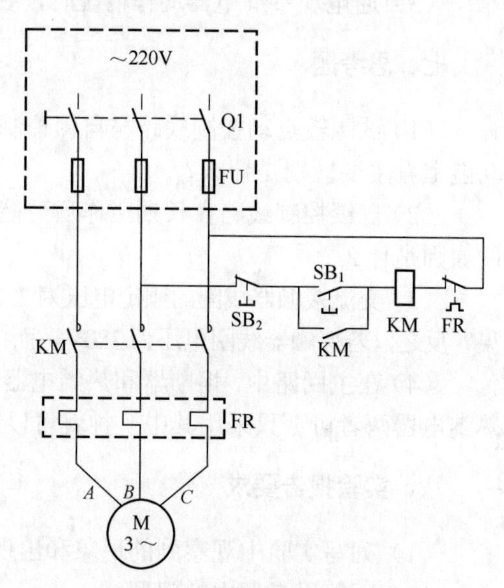

图 8-2　电动机自锁控制电路

（1）按控制屏“起动”按钮，接通 220V 三相交流电源。

（2）按“起动”按钮 SB_1，松手后观察电动机 M 是否继续运转。

（3）按“停止”按钮 SB_2，松手后观察电动机 M 是否停止运转。

（4）按控制屏“停止”按钮，切断实验线路三相电源，拆除控制回路中自锁触头 KM，再接通三相电源，起动电动机，观察电动机及接触器的运转情况。从而验证自锁触头的作用。

实验完毕，将自耦调压器调回零位，按控制屏“停止”按钮，切断实验线路的三相交流电源。

五、预习要求

（1）预习按钮、交流接触器和热继电器的作用及接线方法。

（2）熟悉三相鼠笼式异步电动机点动控制和自锁控制线路的电气原理图。

（3）了解点动控制和自锁控制的特点。

六、注意事项

（1）接线时合理安排挂箱位置，接线要求牢靠、整齐、清楚、安全可靠。

（2）操作时要胆大、心细、谨慎，禁止用手触及各电器元件的导电部分及电动机的转动部分，以免触电及意外损伤。

（3）通电观察继电器动作情况时，要注意安全，防止碰触带电部位。

七、思考题

（1）试比较点动控制线路与自锁控制线路，从结构上看主要区别是什么？从功能上看主要区别是什么？

（2）自锁控制线路在长期工作后可能出现失去自锁作用的情况，试分析产生的原因是什么？

（3）交流接触器线圈的额定电压为220V，若误接到380V电源上会产生什么后果？反之，若接触器线圈电压为380V，而电源线电压为220V，其结果又如何？

（4）在主回路中，熔断器和热继电器热元件可否少用一只或两只？熔断器和热继电器两者可否只采用其中一种就可以起到短路和过载保护作用？为什么？

八、实验报告要求

（1）列写实验中观察到的现象和出现的问题，并分析之。

（2）回答思考题中的问题。

实验九　三相异步电动机的正反转控制

一、实验目的

（1）通过对三相鼠笼式异步电动机正反转控制线路的安装接线，掌握由电气原理图接成实际操作电路的方法。

（2）加深对电气控制系统各种保护、自锁、互锁等环节的理解。

（3）学会分析、排除继电－接触控制线路故障的方法。

二、实验原理

在鼠笼机正反转控制线路中，通过相序的更换来改变电动机的旋转方向。本实验给出两种不同的正、反转控制线路，如图 9-1 及图 9-2 所示，其特点介绍如下。

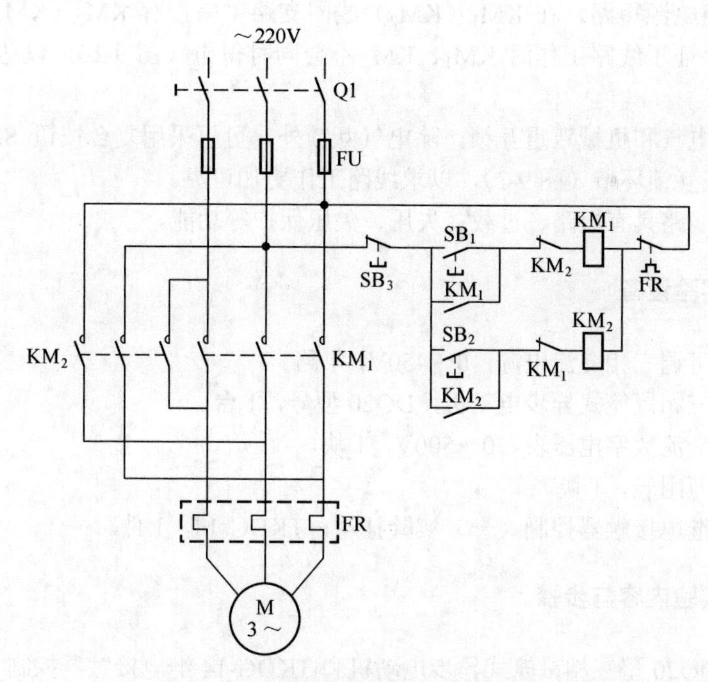

图 9-1　接触器联锁的正反转控制电路

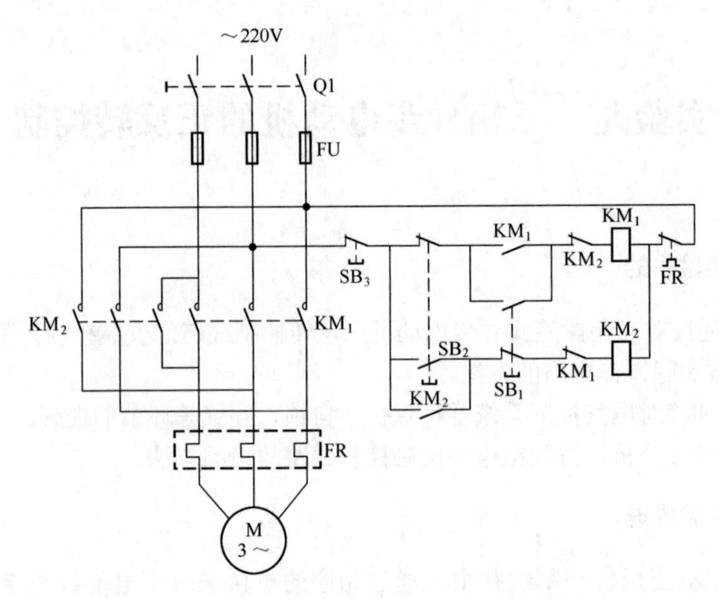

图 9-2 接触器和按钮双重联锁的正反转控制电路

（1）电气互锁。为了避免接触器 KM_1（正转）、KM_2（反转）同时得电吸合造成三相电源短路，在 KM_1（KM_2）线圈支路中串接有 KM_2（KM_1）动断触头，它们保证了线路工作时 KM_1、KM_2 不会同时得电（图 9-1），以达到电气互锁的目的。

（2）电气和机械双重互锁。除电气互锁外，可再采用复合按钮 SB_1 与 SB_2 组成的机械互锁环节（图 9-2），以求线路工作更加可靠。

（3）线路具有短路、过载、失压、欠压保护等功能。

三、实验设备

（1）可调三相交流电源，0～450V，1 路。

（2）三相鼠笼式异步电动机，DQ20 型号，1 台。

（3）交流数字电压表，0～500V，1 块。

（4）万用表，1 块。

（5）继电接触器控制（一）实验挂箱，TKDG-14，1 件。

四、实验内容与步骤

选用 DQ20 型三相鼠笼式异步电动机和 TKDG-14 继电接触器控制（一）实验挂箱。

认识各电器的结构、图形符号、接线方法；抄录电动机及各电器铭牌数据；并用万用表Ω挡检查各电器线圈、触头是否完好。

鼠笼机接成△接法；实验线路电源端接三相自耦调压器输出端 *U*、*V*、*W*，供电线电压为 220V。

1．接触器联锁的正反转控制

按图 9-1 接线，完成下列操作。

（1）开启控制屏电源总开关，按“起动”按钮，调节调压器输出，使输出线电压为 220V。

（2）按“正向起动”按钮 SB_1，观察并记录电动机的转向和接触器的运行情况。

（3）按“反向起动”按钮 SB_2，观察并记录电动机和接触器的运行情况。

（4）按“停止”按钮 SB_3，观察并记录电动机的转向和接触器的运行情况。

（5）再按 SB_2，观察并记录电动机的转向和接触器的运行情况。

（6）实验完毕，按控制屏“停止”按钮，切断三相交流电源。

2．接触器和按钮双重联锁的正反转控制

按图 9-2 接线，完成下列操作。

（1）按控制屏“起动”按钮，接通 220V 三相交流电源。

（2）按“正向起动”按钮 SB_1，电动机正向起动，观察电动机的转向及接触器的动作情况。按“停止”按钮 SB_3，使电动机停转。

（3）按“反向起动”按钮 SB_2，电动机反向起动，观察电动机的转向及接触器的动作情况。按“停止”按钮 SB_3，使电动机停转。

（4）按“正向（或反向）起动”按钮，电动机起动后，再去按“反向（或正向）起动”按钮，观察有何情况发生？

（5）电动机停稳后，同时按正、反向两只起动按钮，观察有何情况发生？

（6）失压与欠压保护。

1）按“起动”按钮 SB_1（或 SB_2）电动机起动后，按控制屏“停止”按钮，断开实验线路三相电源，模拟电动机失压（或零压）状态，观察电动机与接触器的动作情况，随后，再按控制屏上“起动”按钮，接通三相电源，但不按 SB_1（或 SB_2），观察电动机能否自行起动？

2）重新起动电动机后，逐渐减小三相自耦调压器的输出电压，直至接触器释放，观察电动机是否自行停转。

（7）过载保护。打开热继电器的后盖，当电动机起动后，人为地拨动双金属片模拟电动机过载情况，观察电机、电器动作情况。

注意：此项内容，较难操作且危险，有条件可由指导教师做示范操作。

（8）实验完毕，将自耦调压器调回零位，按控制屏“停止”按钮，切断实验线路电源。

3. 故障分析

（1）接通电源后，按“起动”按钮（SB_1或SB_2），接触器吸合，但电动机不转且发出“嗡嗡”声响；或者虽能起动，但转速很慢。这种故障大多是主回路一相断线或电源缺相。

（2）接通电源后，按“起动”按钮（SB_1或SB_2），若接触器通断频繁，且发出连续的劈啪声或吸合不牢，发出颤动声，此类故障原因可能是：

1）线路接错，将接触器线圈与自身的动断触头串在一条回路上了。

2）自锁触头接触不良，时通时断。

3）接触器铁芯上的短路环脱落或断裂。

4）电源电压过低或与接触器线圈电压等级不匹配。

五、预习要求

（1）预习按钮、交流接触器和热继电器的作用及接线方法。

（2）了解三相鼠笼式异步电动机正反转控制线路的原理和保护环节。

六、注意事项

（1）认真检查线路，确保无误后再接通电源。

（2）不要接触电路的裸露部分，以免触电。

七、思考题

（1）自锁触点在控制电路中的作用是什么？在正反转控制电路中，互锁触点的作用是什么？如果不接入互锁触点，会发生什么情况？

（2）在控制线路中，短路、过载、失压、欠压保护等功能是如何实现的？在实际运行过程中，这几种保护有何意义？

八、实验报告要求

（1）比较图9-1和图9-2的优缺点。

（2）回答思考题中的问题。

实验十　常用电子仪器仪表的使用

一、实验目的

（1）学习示波器、函数信号发生器、交流毫伏表的使用方法。

（2）初步掌握用双踪示波器观察正弦信号波形和读取波形参数的方法。

二、实验原理

在电子电路实验中，经常使用的电子仪器有示波器、函数信号发生器、直流稳压电源、交流毫伏表及频率计等。它们和万用表一起，可以完成对电子电路的静态和动态工作情况的测试。

实验中要对各种电子仪器进行综合使用，可按照信号流向，以连线简捷，调节顺手，观察与读数方便等原则进行合理布局，各仪器与被测实验装置之间的布局与连接如图 10-1 所示。接线时应注意，为防止外界干扰，各仪器的公共接地端应连接在一起，称为共地。信号源和交流毫伏表的引线通常用屏蔽线或专用电缆线，示波器接线使用专用电缆线，直流电源的接线用普通导线。

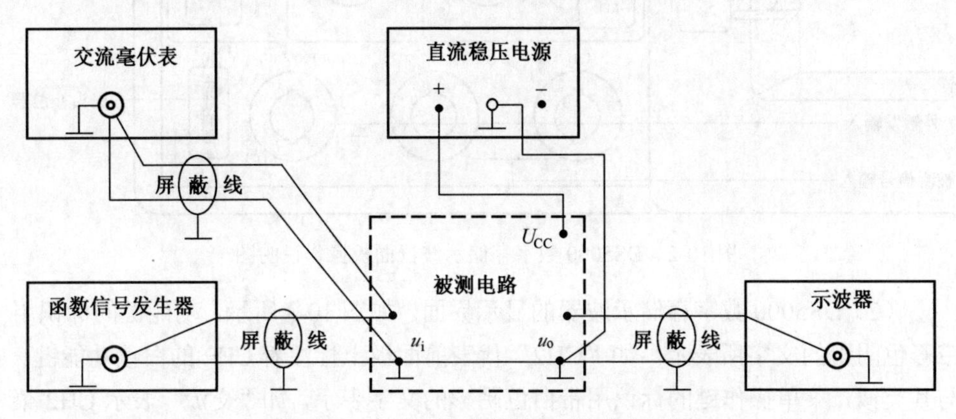

图 10-1　电子电路中常用电子仪器布局图

1. 示波器

示波器是一种用途很广的电子测量仪器，它既能直接显示电信号的波形，又能对电信号进行各种参数的测量。其测量操作方法和各按钮的功能详见附录 C，现重点介绍两方面：

（1）DS5000 数字存储示波器的前面板。DS5000 数字存储示波器向用户提供简单而功能明晰的前面板以进行基本操作，如图 10-2 所示。面板上包括旋钮和功能按键，旋钮的功能与其他示波器类似。显示屏右侧的一列 5 个灰色按键为菜单操作键（自上而下定义为 1～5 号）。通过它们，可以设置当前菜单的不同选项。其他按键（包括彩色按键）为功能键，通过它们，可以进入不同的功能菜单或直接获得特定的功能应用。

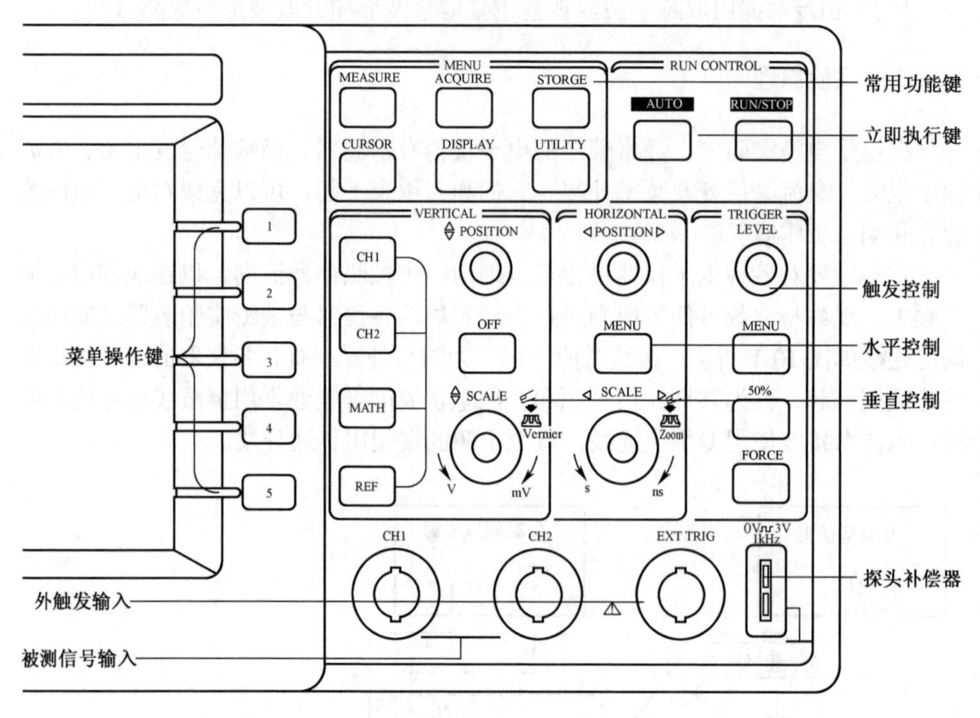

图 10-2　DS5000 数字存储示波器面板操作说明图

（2）DS5000 数字存储示波器的显示界面。如图 10-3 所示，功能键的标识用带彩色阴影的文字所表示，如“CH2”代表前面板上标注着 CH2 的白色功能键。与其类似，菜单操作键的标识用带白色阴影的文字表示，如“交流”表示 CH2 菜单中的耦合方式选项。

为加速调整，便于测量，用户可直接按面板上的 AUTO 键，可立即获得适合的波形显现和挡位设置。

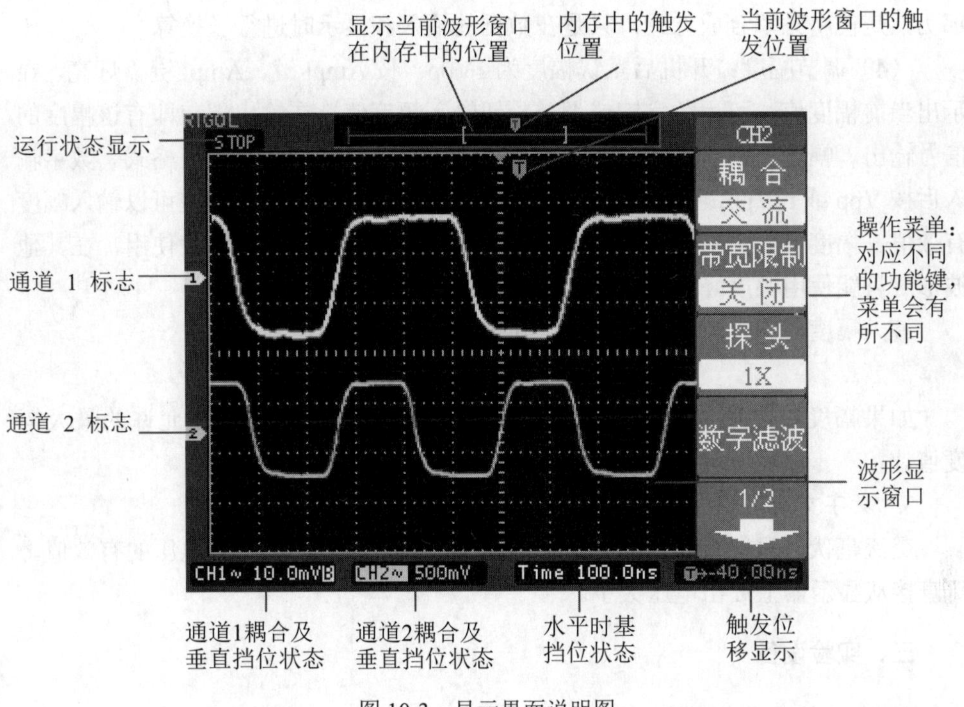

图 10-3　显示界面说明图

2. 函数信号发生器

TFG1900B 型全数字合成函数波形发生器面板上有 15 个功能键，12 个数字键，2 个左右方向键以及 1 个手轮。其具体使用方法详见附录 B，现重点介绍四个方面：

（1）波形设定：开机后默认为“正弦波”。仪器具有 16 种波形，其中正弦波、方波、锯齿波三种常用波形，分别使用上挡键 Shift Sine、Shift Square 和 Shift Ramp 直接选择，并显示出相应的波形符号，其他波形的波形符号为 Arb。全部 16 种波形都可以使用波形序号选择，按上挡键 Shift Arb，用数字键或调节旋钮输入波形序号（见附录 B），即可以选中由序号指定的波形。

（2）频率设定：开机后默认频率为 1kHz。按 Freq 键，Freq 键盘灯亮，显示出当前频率值。可用数字键或调节旋钮输入频率值，在输出端口即有该频率的信号输出。使用手轮下面的左、右方向键可改变闪烁的数位，实现粗调或微调。当达到需要值时，停止手轮旋转。手轮设置方式与传统的电位器旋钮相似。

（3）周期设定。按 Freq 键，使 Period 字符灯亮，显示出当前周期值，可用数字键或调节旋钮输入周期值，在输出端口即有该周期的信号输出。但是仪器内部仍然是使用频率合成方式，只是在数据的输入和显示时进行了换算。

（4）调节幅度：开机后默认幅度为1Vpp。按Ampl键，Ampl键盘灯亮，显示出当前幅度值，可用数字键或调节旋钮输入幅度值，在输出端口即有该幅度的信号输出。幅度值的输入和显示有两种格式：峰峰值格式和有效值格式。数字输入后按Vpp或mVpp键可以输入幅度峰峰值，按Vrms或mVrms键可以输入幅度有效值。幅度有效值只能在正弦波、方波和锯齿波三种常用波形时使用，在其他波形时只能使用幅度峰峰值。

最大幅度值和直流偏移应符合下式规定：

$$Vpp \leqslant 2 \times (10-|offset|)$$

如果幅度设定超出了规定，仪器将修改设定值，使其限制在允许的最大幅度值。

3. 数字交流毫伏表

交流毫伏表只能在其工作频率范围之内，用来测量正弦交流电压的有效值。可直接从显示器上读出电压大小。

三、实验设备

（1）函数信号发生器，1台。

（2）双踪示波器，1台。

（3）数字交流毫伏表，0～300V，1块。

（4）另配器件：电阻，10kΩ，1个；电容，0.01μF，1个。

四、实验内容与步骤

1. 用机内校正信号对示波器进行自检

（1）接入“校正信号”。

1）用示波器探头将信号接入通道1（CH1），将探头上的开关设定为1X。

2）设置探头衰减系数，方法如下：按CH1功能键屏幕上显示通道1（CH1）的操作菜单，应用与“探头”项目平行的 3 号菜单操作键，选择与使用的探头同比例的衰减系数，此时设定应为1X。

3）将示波器探头端部与探头补偿即校正信号（0～3V、方波、1kHz）连接，如图10-4所示。按AUTO（自动设置）键。几秒钟内，可见到方波显示（1kHz，峰到峰约3V）。

4）按OFF功能键以关闭通道1（CH1），以同样的方法检查通道2（CH2）。

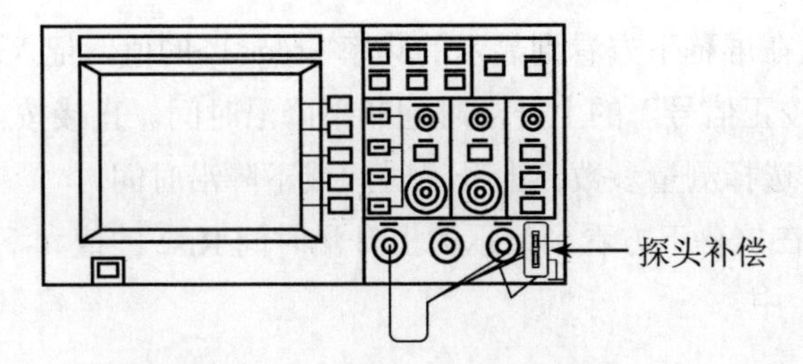

图 10-4　探头与校正信号的连接方法

（2）测试“校正信号”波形的幅度、频率。

1）测量峰峰值。

a．按 MEASURE 键显示自动测量菜单，如图 10-5 所示。

b．用 1 号菜单操作键确定信源：CH1 或 CH2（和通道一致）。

c．按 2 号菜单操作键确定测量类型：电压测量。

d．在屏幕显示的子菜单中按下 2 号菜单操作键确定测量参数：峰峰值。此时，可以在屏幕框内左下角看到显示的峰峰值 U_{PP} 的值，记入表 10-1 中。

2）测量频率。

a．按 MEASURE 键显示自动测量菜单如图 10-5 所示。

b．用 1 号菜单操作键确定信源：CH1 或 CH2（和通道一致）。

c．按 3 号菜单操作键确定测量类型：时间测量。

d．在屏幕显示的子菜单（图 10-6）中，按下 2 号菜单操作键确定测量参数：频率。

图 10-5　自动测量菜单

图 10-6　屏幕显示子菜单

此时，可以在屏幕下方看到显示的频率 Freq<1>的值，记入表 10-1 中。

3）测量“校正信号”的上升沿时间和下降沿时间。直接按 AUTO 键，在屏幕显示的子菜单选择测量参数：上升沿时间或下降沿时间。

此时，可以在屏幕下方看到显示的上升沿时间 Rise 的值和下降沿时间 Fall 的值，记入表 10-1 中。

表 10-1　用机内校正信号对示波器进行自检的数据

项目	标准值	实测值
幅度 U_{pp}/V	3	
频率 f/kHz	1	
上升沿时间/μs	<20	
下降沿时间/μs	<20	

注意：不同型号示波器标准值有所不同，请按所使用的示波器将标准值填入表格中。

2. 用示波器和交流毫伏表测量信号参数

调节函数信号发生器有关旋钮，使输出频率分别为 100Hz、1kHz、10kHz，有效值均为 1V（交流毫伏表测量值）的正弦波信号。

按 AUTO 键自动显示波形，用示波器按上述操作方法测量信号源输出电压的周期、频率及峰峰值，用交流毫伏表测量信号源输出的有效值，然后用示波器测得的峰峰值计算有效值，并记入表 10-2 中。若屏幕数据被菜单遮挡，可按 OFF 键关闭菜单。

表 10-2　示波器和交流毫伏表测量信号参数

信号电压频率	示波器测量值			交流毫伏表读数/V	用峰峰值计算有效值/V
	周期/ms	频率/Hz	峰峰值/V		
100Hz					
1kHz					
10kHz					

调节函数信号发生器有关旋钮，使输出波形分别为正弦波、矩形波、三角波，频率为 1kHz，有效值均为 0.2V 的信号，同样方法测得相应值记录于表 10-3 中。

表 10-3　示波器和交流毫伏表测量信号参数

信号波形	示波器测量值			交流毫伏表读数/V	示波器显示波形
	周期/ms	频率/Hz	峰峰值/V		
正弦波					
方波					
三角波					

*3. 用双踪示波器测量两波形间相位差

（1）按图 10-7 连接实验电路，将函数信号发生器的输出电压调至频率为 1kHz、幅值为 2V 的正弦波，经 RC 移相网络获得频率相同但相位不同的两路信号 u_i 和 u_R，分别加到双踪示波器的 CH1 和 CH2 输入端。设置探头和示波器通道的探头衰减系数为 1X。

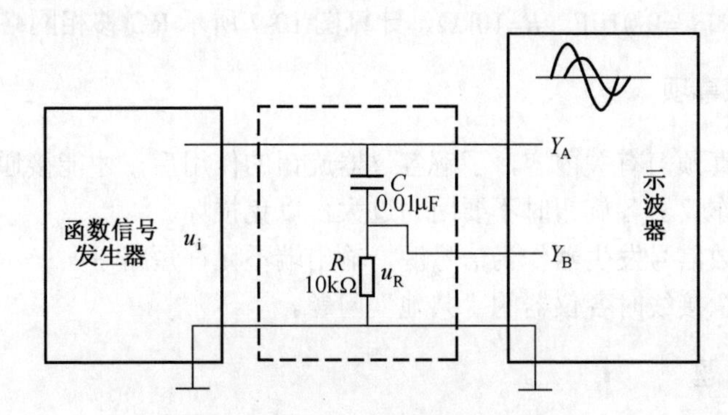

图 10-7　两波形间相位差测量电路

（2）显示通道 1 和通道 2 的信号，测量相位差。按下 AUTO（自动设置）键。继续调整水平、垂直挡位直至波形显示满足测试要求。按 CH1 键选择通道 1，旋转垂直 VERTICAL 区域的垂直 POSITION 旋钮调整通道 1 波形的垂直位置。同样方法调整通道 2 波形的垂直位置。使通道 1 和通道 2 的波形既不重叠在一起，又利于观察比较。根据两波形在水平方向差距和信号周期，可求得两波形相位差为

$$\theta = \frac{X(\text{div})}{X_T(\text{div})} \times 360^\circ$$

式中：X_T 为一周期所占格数；X 为两波形在 X 轴方向的差距格数。

（3）测量正弦信号通过电路后产生的延时，并观察波形的变化。

1）自动测量通道延时。

a．按 MEASURE 键显示自动测量菜单，如图 10-5 所示。

b．用 1 号菜单操作键确定信源：CH1 或 CH2（和通道一致）。

c．按 3 号菜单操作键确定测量类型：时间测量。

d．在屏幕显示的子菜单（图 10-6）中，按下 1 号菜单操作键选择测量类型分页：时间测量 3-3。

e．按下 2 号菜单操作键确定测量类型：延迟 1→2。

此时，可以在屏幕左下角看到通道 1、2 在上升沿的延时数值 Dly_A 的值，记录之。

2）观察波形的变化。

五、预习要求

（1）预习附录中函数发生器和示波器的有关内容。

（2）已知 C=0.01μF、R=10kΩ，计算图 10-7 所示 RC 移相网络的阻抗角 θ。

六、注意事项

（1）认真预习有关内容，了解各仪器旋钮的作用后，才能接通电源使用。

（2）操作仪器各旋钮时不要用力过大，以免损坏。

（3）函数信号发生器作为信号源，输出端不允许短路。

（4）注意接线时各仪器的“共地”问题。

七、思考题

（1）如何操作示波器有关旋钮，以便从示波器显示屏上观察到稳定、清晰的波形？

（2）函数信号发生器有哪几种输出波形？它的输出端能否短接，如用屏蔽线作为输出引线，则屏蔽层一端应该接在哪个接线柱上？

（3）交流毫伏表是用来测量正弦波电压还是非正弦波电压？它显示的值是被测信号的什么数值？它是否可以用来测量直流电压的大小？

八、实验报告

（1）整理实验数据，并进行分析。

（2）回答思考题中的问题。

实验十一　低频单管电压放大器

一、实验目的

（1）掌握放大器静态工作点的调试方法，分析静态工作点对放大器性能的影响。

（2）学会测量放大器的电压放大倍数、输入电阻、输出电阻。

（3）观察静态工作点对放大器输出波形的影响。

（4）进一步熟悉常用电子仪器及模拟电路实验设备的使用。

二、实验原理

图 11-1 为低频单管放大器实验电路图。它的偏置电路采用 R_{B1} 和 R_{B2} 组成的分压电路，并在发射极中接有电阻 R_E，以稳定放大器的静态工作点。当在放大器的输入端加入输入信号 u_i 后，在放大器的输出端便可得到一个与 u_i 相位相反，幅值被放大了的输出信号 u_o，从而实现了电压放大。

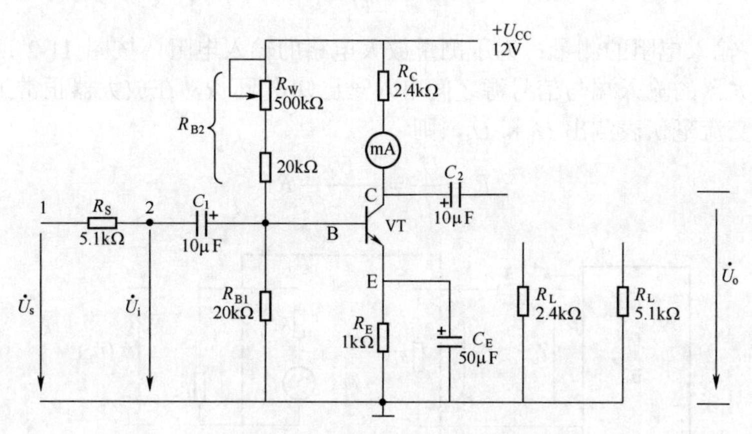

图 11-1　低频单管放大器实验电路

放大器种类很多，本次实验采用带有发射极偏置电阻的分压偏置式共射放大电路，使同学们能够掌握一般放大电路的基本测试与调整方法。放大器应先进行静态调试，然后进行动态调试。

1．静态工作点的估算与测量

当流过偏置电阻 R_{B1} 和 R_{B2} 的电流远大于晶体管的基极电流时

$$U_{BQ} \approx \frac{R_{B1}}{R_{B1}+R_{B2}} U_{CC}$$

$$I_{EQ}=\frac{U_{BQ}-U_{BEQ}}{R_E}\approx I_{CQ}$$

$$U_{CEQ}=U_{CC}-I_{CQ}(R_C+R_E)$$

测量放大器的静态工作点，应在输入信号 u_i=0 的情况下进行，必要时将输入端对“地”交流短路，用直流毫安表测量集电极电流 I_C，用直流电压表测量电路中某些点的直流电位，可调整电阻 R_W，使 I_C 达到所需值。

2. 放大器动态指标的估算与测试

放大器的动态指标包括电压放大倍数、输入电阻、输出电阻、最大不失真输出电压（动态范围）和通频带等。理论上，电压放大倍数 $\dot{A}_u=-\beta\frac{R_C /\!/ R_L}{r_{be}}$，输入电阻 R_i=$R_{B1} /\!/ R_{B2} /\!/ r_{be}$，输出电阻 R_o≈R_C。

（1）电压放大倍数的测量：调整放大器到合适的静态工作点，然后加入输入电压 u_i，在输出电压 u_o 不失真的情况下，用交流毫伏表测出 u_i 和 u_o 的有效值 U_i 和 U_o，则

$$\dot{A}_u=\frac{U_o}{U_i}$$

（2）输入电阻的测量：为了测量放大电路的输入电阻，按图 11-2 所示电路在被测放大器的输入端与信号源之间串入一已知电阻 R，在放大器正常工作的情况下，用交流毫伏表测出 U_i 和 U_s，则

$$R_i=\frac{U_i}{I_i}=\frac{U_i}{U_s-U_i}R$$

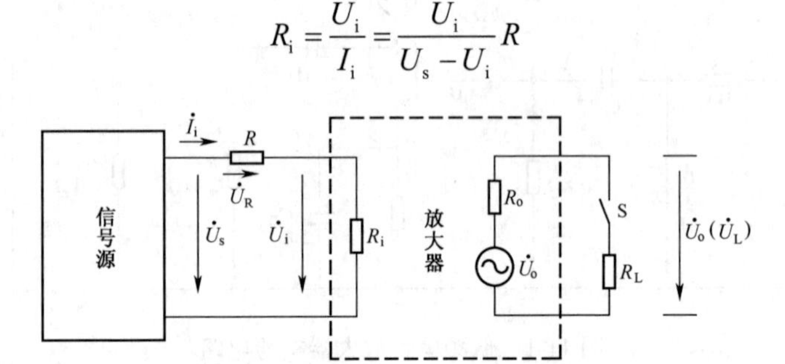

图 11-2 输入、输出电阻测量电路

（3）输出电阻的测量：按图 11-2 所示电路，在放大器正常工作的条件下，测出输出端不接负载 R_L 时的输出电压 U_o 和接入负载后的输出电压 U_L，因为 $U_L=\frac{R_L}{R_o+R_L}U_o$，所以可以求出

$$R_o=\left(\frac{U_o}{U_L}-1\right)R_L$$

3. 静态工作点对放大器输出波形的影响

放大器处于线性工作状态的必要条件是设置合适的静态工作点，工作点设置得不合适，将使输出波形产生失真。

饱和失真：由于放大器静态工作点偏高，输入信号正半周的一部分进入特性曲线的饱和部分而引起的失真。本实验中，表现为输出波形负半周变形失真。

截止失真：由于放大器静态工作点偏低，输入信号负半周的一部分进入特性曲线的截止部分而引起的失真。本实验中，表现为输出波形正半周变形失真。

一般情况，静态工作点宜选在交流负载线的中点。小信号时，可取低一些，以降低噪声和能量损耗，提高输入阻抗。但工作点虽然取得合适，若输入信号过大，三极管工作范围会超出线性放大区，也会使输出信号产生失真。

三、实验设备

（1）直流稳压电源，+12V，1 路。
（2）函数信号发生器，1 台。
（3）双踪示波器，1 台。
（4）数字交流毫伏表，0～300V，1 块。
（5）直流电压表，0～200V，1 块。
（6）直流毫安表，0～1A，1 块。
（7）万用表，1 块。
（8）模电实验挂件，1 套。
（9）“低频单管放大电路”测试小板，1 块。

四、实验内容与步骤

将“低频单管放大电路”测试小板插挂在模电实验挂件上，实验电路如图 11-1 所示。将工作台左或右侧仪器仪表挂板下方+12V 电源的输出端引入测试小板，并按实验电路图连线，为防止干扰，各仪器的公共端必须连在一起。

1. 调试静态工作点

令 u_i=0，接通+12V 电源、调节 R_W，使直流毫安表的读数即 I_C=2.0mA（或用直流电压表测，使 U_E=2V），再用直流电压表测量 U_B、U_C，用万用表 Ω 挡测量 R_{B2} 值。记入表 11-1 中。

表 11-1　I_C=2mA 时的静态工作点测试数据

测量值				计算值		
U_B/V	U_E/V	U_C/V	R_{B2}/kΩ	U_{BE}/V	U_{CE}/V	I_C/mA

2. 测量电压放大倍数

在下面的测试过程中应保持 R_W 值不变，即保持静工作点 I_C 不变。

设置函数信号发生器，使之输出为：频率－1kHz、波形－正弦波、幅度－用交流毫伏表测量有效值为 10mV，加至放大器的输入端（图中 2 点和接地点之间），同时用示波器观察放大器输出电压 u_o 波形，在波形不失真的条件下用交流毫伏表测量表 11-2 中三种情况下的 U_o 值，并用双踪示波器观察 u_o 和 u_i 的相位关系，记入表 11-2 中。

表 11-2 I_C=2.0mA、U_i=10mV 时测量电压放大倍数的数据

R_C/kΩ	R_L/kΩ	U_o/V	$\dot{A}_u$	观察记录一组 u_o 和 u_i 波形
2.4	∞			u_i — t　　u_o — t
2.4	2.4			
2.4	5.1			

3. 观察静态工作点对输出波形失真的影响

设置 R_C=2.4kΩ，R_L=∞，u_i=0，调节 R_W 使 I_C=2.0mA（或 U_E=2V），测出 U_{CE} 的值，再逐步加大输入信号，使输出电压 u_o 足够大但不失真，绘出 u_o 的波形，并记录测量值。然后保持输入信号不变，分别增大和减小 R_W，使波形出现两种失真，绘出 u_o 的波形，并测出失真情况下 I_C 和 U_{CE} 的值，记入表 11-3 中。每次测 I_C 和 U_{CE} 值时都要将信号源的输出旋钮旋至 0。

表 11-3 R_C=2.4kΩ、R_L=∞、U_i=20～30mV 时的非线性失真情况

I_C/mA	U_{CE}/V	u_o 波形	失真情况	管子工作状态
		u_o — t		
2.0		u_o — t		
		u_o — t		

*4. 测量输入电阻和输出电阻

置 R_C=2.4kΩ，R_L=2.4kΩ，I_C=2.0mA。输入 f=1kHz 的正弦信号，在输出电压

u_o不失真的情况下，用交流毫伏表测出 U_s，U_i和 U_L 记入表 11-4 中。

保持 U_s不变，断开 R_L，测量输出电压 U_o，记入表 11-4 中。

表 11-4　I_C=2mA、R_C=2.4kΩ、R_L=2.4kΩ时输入电阻和输出电阻测试数据

U_s/mv	U_i/mv	R_i/kΩ		U_L/V	U_o/V	R_o/kΩ	
		测量值	计算值			测量值	计算值

五、预习要求

（1）阅读教材中有关单管放大电路的内容，并估算实验电路的性能指标。

假设 3DG6 的β=100、R_{B1}=20kΩ、R_{B2}=60kΩ、R_C=2.4kΩ、R_L=2.4kΩ，估算放大器的静态工作点、电压放大倍数 $\dot{A}_u$、输入电阻 R_i和输出电阻 R_o。

（2）进一步熟悉 TKDZ-2 型网络型模电数电综合实验装置工作台及左右侧仪器仪表挂板上仪器仪表的位置和使用，熟悉数字示波器、函数信号发生器的使用。

六、注意事项

（1）实验测试小挂板所用直流电源为+12V，应从工作台左或右侧仪器仪表挂板下方的+12V 固定电源输出端引入，切记勿将电源正负接反，否则会损坏器件。

（2）在测试 R_o 中应注意，必须保持 R_L 接入前后输入信号的大小不变。

（3）在测量输入电阻时，由于增加了 R，原来不振荡的电路有可能产生振荡，因此不要因为是测量输入端的信号就不监视输出信号的波形。在测量输出电阻时，负载的变化也有可能使信号失真。因此，切忌盲目地用毫伏表读数而不管信号的波形是否失真。

七、思考题

（1）能否用直流电压表直接测量晶体管的 U_{BE}？为什么实验中要采用测量 U_B、U_E，再间接算出 U_{BE} 的方法？

（2）怎样测量 R_{B2} 的阻值？

（3）当调节偏置电阻 R_{B2}，使放大器输出波形出现饱和或截止失真时，晶体管的管压降 U_{CE} 怎样变化？

八、实验报告要求

（1）列表整理测量结果，并把实测的静态工作点、电压放大倍数、输入电阻、输出电阻之值与理论计算值比较（取一组数据进行比较），分析产生误差的原因。

（2）总结 R_C、R_L 及静态工作点对放大器电压放大倍数、输入电阻、输出电阻的影响。

（3）讨论静态工作点变化对放大器输出波形的影响。

（4）分析讨论在调试过程中出现的问题。

实验十二　射极跟随器

一、实验目的

（1）掌握射极跟随器的特性及测试方法。

（2）进一步学习放大器各项参数的测试方法。

二、实验原理

射极跟随器的电路图如图 12-1 所示。它是一个电压串联负反馈放大电路，具有输入电阻高，输出电阻低，电压放大倍数接近于 1，输出电压能够在较大范围内跟随输入电压作线性变化以及输入、输出信号同相等特点。

射极跟随器的输出取自发射极，故又称其为射极输出器。

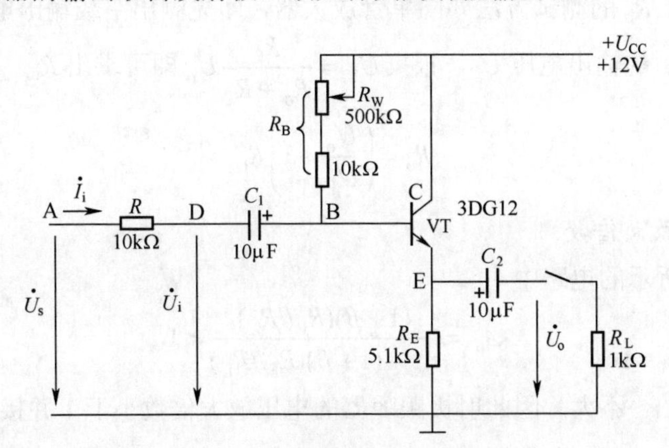

图 12-1　射极跟随器实验电路

1. 测量输入电阻 R_i

图 12-1 所示的电路中

$$R_i=r_{be}+(1+\beta)R_E$$

如考虑偏置电阻 R_B 和负载 R_L 的影响，则

$$R_i=R_B // [r_{be}+(1+\beta)(R_E // R_L)]$$

由上式可知，射极跟随器的输入电阻 R_i 比共射极单管放大器的输入电阻（$R_i=R_B // r_{be}$）要高得多，但由于偏置电阻 R_B 的分流作用，输入电阻难以进一步提高。

输入电阻的测试方法同单管放大器。

$$R_{\mathrm{i}}=\frac{U_{\mathrm{i}}}{I_{\mathrm{i}}}=\frac{U_{\mathrm{i}}}{U_{\mathrm{s}}-U_{\mathrm{i}}}R$$

即只要测得 A、D 两点的对地电位即可计算出 R_{i}。

2. 测量输出电阻 R_{o}

图 12-1 所示的电路中

$$R_{\mathrm{o}}=\frac{r_{\mathrm{be}}}{\beta}//R_{\mathrm{E}}\approx\frac{r_{\mathrm{be}}}{\beta}$$

如考虑信号源内阻 R_{s}，则

$$R_{\mathrm{o}}=\frac{r_{\mathrm{be}}+(R_{\mathrm{s}}//R_{\mathrm{B}})}{\beta}//R_{\mathrm{E}}\approx\frac{r_{\mathrm{be}}+(R_{\mathrm{s}}//R_{\mathrm{B}})}{\beta}$$

由上式可知射极跟随器的输出电阻 R_{o} 比共射极单管放大器的输出电阻（$R_{\mathrm{o}}\approx R_{\mathrm{C}}$）低得多。三极管的 β 越高，输出电阻越小。

输出电阻 R_{o} 的测试方法亦同单管放大器，即先测出空载输出电压 U_{o}，再测接入负载 R_{L} 后的输出电压 U_{L}，根据 $U_{\mathrm{L}}=\frac{R_{\mathrm{L}}}{R_{\mathrm{o}}+R_{\mathrm{L}}}U_{\mathrm{o}}$ 即可求出 R_{o}

$$R_{\mathrm{o}}=\left(\frac{U_{\mathrm{o}}}{U_{\mathrm{L}}}-1\right)R_{\mathrm{L}}$$

3. 电压放大倍数

图 12-1 所示的电路中

$$\dot{A}_{\mathrm{u}}=\frac{(1+\beta)(R_{\mathrm{E}}//R_{\mathrm{L}})}{r_{\mathrm{be}}+(1+\beta)(R_{\mathrm{E}}//R_{\mathrm{L}})}<1$$

上式中，r_{be} 不大，因此射极跟随器的电压放大倍数小于 1 并接近 1，且为正值，这是深度电压负反馈的结果。但它的射极电流仍比基流大$(1+\beta)$倍，所以它具有一定的电流和功率放大作用。

4. 电压跟随范围

电压跟随范围是指射极跟随器输出电压 u_{o} 跟随输入电压 u_{i} 作线性变化的区域。当 u_{i} 超过一定范围时，u_{o} 便不能跟随 u_{i} 作线性变化，即 u_{o} 波形产生了失真。为了使输出电压 u_{o} 正、负半周对称，并充分利用电压跟随范围，静态工作点应选在交流负载线中点，测量时可直接用示波器读取 u_{o} 的峰峰值，即电压跟随范围；或用交流毫伏表读取 u_{o} 的有效值，则电压跟随范围为

$$U_{\mathrm{oPP}}=2\sqrt{2}\,U_{\mathrm{o}}$$

三、实验设备

（1）直流稳压电源，+12V，1 路。
（2）函数信号发生器，1 台。
（3）双踪示波器，1 台。
（4）数字交流毫伏表，0～300V，1 块。
（5）直流电压表，0～200V，1 块。
（6）模电实验挂件，1 套。
（7）“射极跟随器”测试小板，1 块。

四、实验内容与步骤

将射极跟随器测试小板插挂在模电实验挂件上，实验电路如图 12-1 所示。+12V 电源、各电子仪器的公共端必须连在一起。

1. 静态工作点的调整

接通+12V 直流电源，在 D 点加入 f=1kHz 正弦信号 u_i，输出端用示波器监视输出波形，反复调整 R_W 及信号源的输出幅度，使在示波器的屏幕上得到一个最大不失真输出波形，然后置 u_i=0，用直流电压表测量晶体管各电极对地电位，将测得的数据记入表 12-1 中。

表 12-1　静态工作点的测试数据

测量值			计算值
U_E/V	U_B/V	U_C/V	I_E/mA

注意：在下面整个测试过程中应保持 R_W 值不变，即保持静工作点 I_E 不变。

2. 测量电压放大倍数 $\dot{A}_u$

接入负载 R_L=1kΩ，在 D 点加 f=1kHz 正弦信号 u_i，调节输入信号幅度，用示波器观察输出波形 u_o，在输出最大不失真情况下，用交流毫伏表测 U_i、U_o 的值，记入表 12-2 中。

表 12-2　测量电压放大倍数的数据

U_i/V	U_o/V	$\dot{A}_u$

3. 测量输出电阻 R_o

接上负载 R_L=1kΩ，在 D 点加 f=1kHz 正弦信号 u_i，用示波器监视输出波形，用交流毫伏表分别测空载输出电压 U_o，有负载时输出电压 U_L，记入表 12-3 中。

表 12-3 测量输出电阻的数据

U_o/V	U_L/V	R_o/kΩ

4. 测量输入电阻 R_i

在 A 点加 f=1kHz 的正弦信号 u_S，用示波器监视输出波形，用交流毫伏表分别测出 A、D 点对地的电位 U_s、U_i，记入表 12-4 中。

表 12-4 测量输入电阻的数据

U_s/V	U_i/V	R_i/kΩ

*5. 测试跟随特性

接入负载 R_L=1kΩ，在 D 点加入 f=1kHz 正弦信号 u_i，逐渐增大信号 u_i 的幅度，用示波器监视输出波形直至输出波形达到最大不失真，用交流毫伏表分别测量 U_i 和对应的 U_L 值，记入表 12-5 中。

表 12-5 测试跟随特性的数据

U_i/V					
U_L/V					

*6. 测试频率响应特性

保持输入信号 u_i 幅度不变，改变信号源频率，用示波器监视输出波形，用交流毫伏表测量不同频率下输出电压 U_L 的值，记入表 12-6 中。

表 12-6 测试频率特性的数据

f/kHz					
U_L/V					

五、预习要求

（1）阅读教材中有关射极跟随器的工作原理，并估算实验电路的性能指标。假设 3DG6 的 β=100、R_{B1}=20kΩ、R_{B2}=60kΩ、R_C=2.4kΩ、R_L=2.4kΩ，估算放大器的静态工作点。电压放大倍数 $\dot{A}_u$、输入电阻 R_i 和输出电阻 R_o。

（2）根据图 12-1 中的元件参数值估算静态工作点。

六、注意事项

测量 R_i、R_o 和 $\dot{A}_u$ 时，应在输出不失真的情况下进行。若输出波形失真，可适当降低输入信号的大小。

七、思考题

（1）电压射极跟随器是否具有功率放大的作用？为什么？
（2）R_B 电阻的选择对提高放大器输入电阻有何影响？
（3）根据实验结果说明 R_E 的大小应如何选择？

八、实验报告要求

（1）整理实验数据，并画出 $U_L=f(U_i)$及 $U_L=f(f)$曲线。
（2）分析射极跟随器的性能和特点。

实验十三　运算放大器的线性应用

一、实验目的

（1）研究由集成运算放大器组成的比例、加法、减法和积分等基本运算电路的功能。

（2）了解运算放大器在实际应用时应考虑的一些问题。

二、实验原理

运算放大器是具有两个输入端、一个输出端的高增益、高输入阻抗的多级直接耦合放大电路。在它的输出端和输入端之间加上反馈网络，则可实现不同的电路功能。

本实验采用的集成运放型号为μA741，引脚排列如图 13-1 所示。它是八脚双列直插式组件。

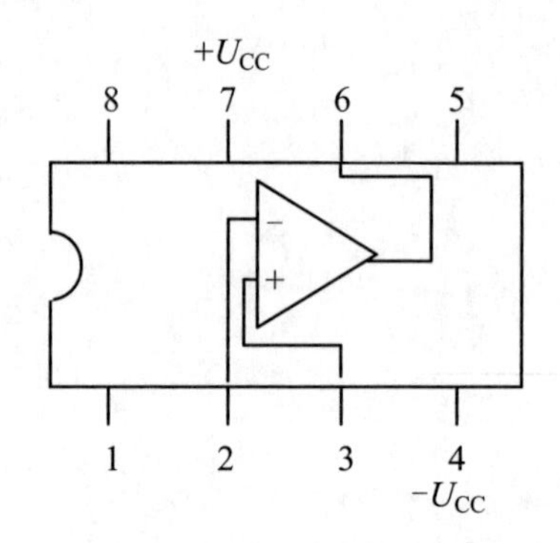

图 13-1　μA741 的管脚图

- 1 和 5 为外接调零电位器的两个端子。
- 2 为反相输入端。
- 3 为同相输入端。
- 4 为负电源端。
- 6 为输出端。
- 7 为正电源端。
- 8 为空脚。

1. 调零及消振

集成运放在作运算使用前，应使输入端短路，调节调零电位器，使输出电压为零。调零时应注意：必须在闭环条件下进行，且输出端应用小量程电压挡。运放如不能调零，应检查电路接线是否正确，如输入端是否短接或输入不良，电路有没有闭环等。若经检查接线正确、可靠且仍不能调零，则可怀疑集成运放损坏或质量不好。由于运算放大器内部晶体管的极间电容和其他寄生参数的影响，很容易产生自激振荡，破坏正常工作。因此，在使用时要注意消振。通常是外接 RC 消振电路或消振电容。目前大多数集成运放内部电路已设置消振的补偿网络，如 μA741、OP-07D 等。

2. 基本运算电路

（1）反相比例运算电路。电路如图 13-2 所示。对于理想运放，该电路的输出电压与输入电压之间的关系为

$$U_{\mathrm{o}}=-\frac{R_{\mathrm{F}}}{R_1}U_{\mathrm{i}}$$

为了减小输入级偏置电流引起的运算误差，在同相输入端应接入平衡电阻 R_2（$R_2=R_1//R_F$）。

（2）同相比例运算电路。电路如图 13-3 所示。对于理想运放，该电路的输出电压与输入电压之间的关系为

$$U_{\mathrm{o}}=\left(1+\frac{R_{\mathrm{F}}}{R_1}\right)U_{\mathrm{i}}$$

平衡电阻 $R_2=R_1//R_F$。

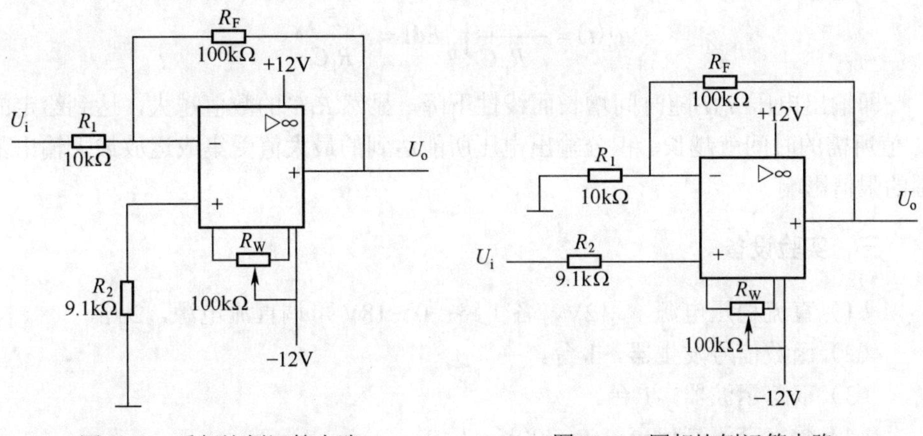

图 13-2　反相比例运算电路　　图 13-3　同相比例运算电路

（3）差动放大电路（减法运算）。对于图 13-4 所示的减法运算电路，当 $R_1=R_2$，$R_3=R_F$ 时，有

$$U_o=\frac{R_F}{R_1}(U_{i2}-U_{i1})$$

（4）积分运算电路。反相积分电路如图 13-5 所示。在理想化条件下，输出电压 u_o 为

$$u_o(t)=-\frac{1}{R_1C}\int_0^t u_i\mathrm{d}t+u_C(0)$$

式中 $u_C(0)$是 t=0 时刻电容 C 两端的电压值，即初始值。

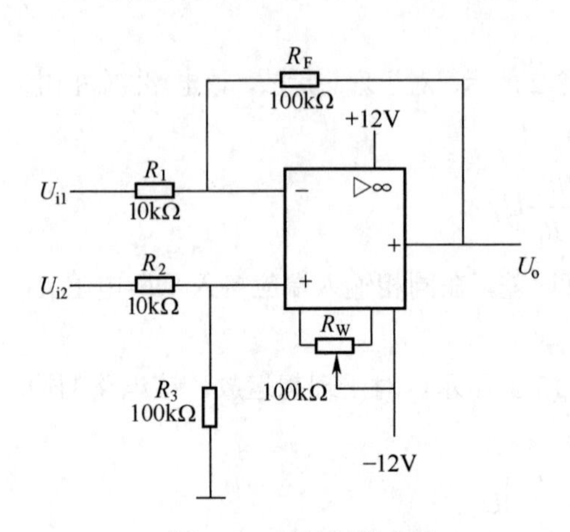

图 13-4 减法运算电路

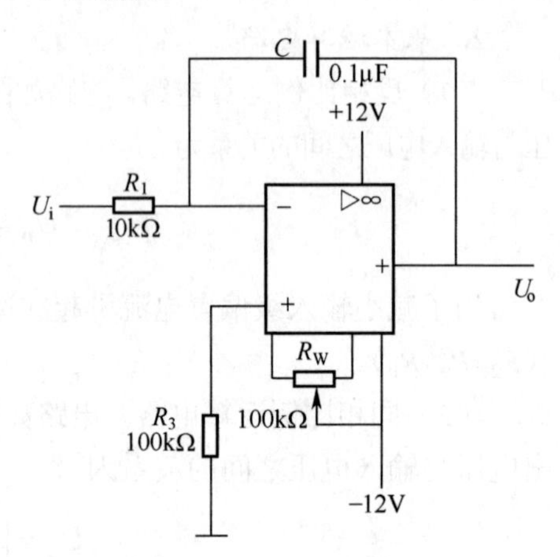

图 13-5 积分运算电路

如果 $u_i(t)$是幅值为 E 的阶跃电压，并设 $u_C(0)=0$，则

$$u_o(t)=-\frac{1}{R_1C}\int_0^t E\mathrm{d}t=-\frac{E}{R_1C}t$$

即输出电压 $u_o(t)$随时间增长而线性下降。显然 R_1C 的数值越大，达到给定的 U_o 值所需的时间就越长。积分输出电压所能达到的最大值受集成运放最大输出范围的限值影响。

三、实验设备

（1）直流稳压电源，±12V，各 1 路；0～18V 可调直流电源，2 路。

（2）函数信号发生器，1 台。

（3）双踪示波器，1 台。

（4）数字交流毫伏表，0～300V，1 块。

（5）直流电压表，0～200V，1 块。

（6）“运算放大器”测试小板，1 块。

四、实验内容与步骤

将“运算放大器”测试小板插挂在测试挂板上，实验电路如图 13-2 至图 13-5 所示。将工作台左或右侧仪器仪表挂板下方±12V 电源的输出端引入测试小板，并按实验电路图连线，检查连线直至无误方可接通±12V 电源。

1. 反相比例运算

（1）按图 13-2 连接实验电路，接通±12V 电源，输入端对地短路，进行调零和消振。

（2）输入 f=100Hz，U_i=0.5V 的正弦交流信号，用交流毫伏表测量相应的 U_o，并用示波器观察 u_o 和 u_i 的相位关系，记入表 13-1 中。

表 13-1　U_i=0.5V、f=100Hz 反相比例运算数据

U_i/V	U_o/V	u_i 波形	u_o 波形	$\dot{A}_u$	
				实测值	计算值
		u_i t	u_o t		

2. 同相比例运算

（1）按图 13-3 连接实验电路。

（2）输入 f=100Hz，U_i=0.5V 的正弦交流信号，用交流毫伏表测量相应的 U_o，并用示波器观察 u_o 和 u_i 的相位关系，记入表 13-2 中。

表 13-2　U_i=0.5V、f=100Hz 同相比例运算数据

U_i/V	U_o/V	u_i 波形	u_o 波形	$\dot{A}_u$	
				实测值	计算值
		u_i t	u_o t		

3. 减法运算

（1）按图 13-4 连接实验电路。

（2）输入信号 U_{i1}、U_{i2} 采用直流信号，在实验台直流电源内有 2 路 0～18V

的可调电源，改变电位器阻值即可改变输出电压，但要注意选择合适的幅度以确保集成运放工作在线性区。用直流电压表测量 5 组电压 U_{i1}、U_{i2} 及输出电压 U_o，记入表 13-3 中。

表 13-3　减法运算数据

U_{i1}/V					
U_{i2}/V					
U_o/V					

*4. 积分运算

（1）按图 13-5 连接实验电路。

（2）输入 f=50Hz，U_i=1V 左右的方波信号，用示波器观察 u_o 和 u_i 的波形，记入表 13-4 中。

表 13-4　积分运算 u_o 和 u_i 的波形

u_i 波形	u_o 波形

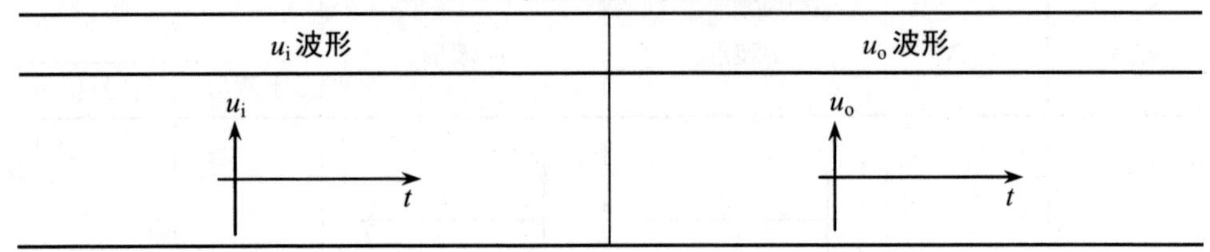

五、预习要求

复习集成运放线性应用部分知识，并根据实验电路参数计算各电路输出电压的理论值。

六、注意事项

（1）为了提高运算精度，首先应对输出直流电位进行调零，即保证在零输入时运放输出为 0。

（2）输入信号采用交流或直流均可，但在选取信号的频率和幅度时，应考虑运放的频率响应和输出幅度（±12V）的限制。

（3）实验所用直流电源为±12V，勿将电源正负极接反，否则会损坏运放器件。

七、思考题

（1）在减法运算电路中，如 U_{i1} 和 U_{i2} 均采用直流信号，当考虑到运算放大

器的最大输出幅度（±12V）时，$|U_{i2}-U_{i1}|$的大小不应超过多少伏？

（2）在积分电路中，R_1=10kΩ，C=0.1μF，求时间常数。假设 U_i=0.5V，问要使输出电压 U_o 达到 5V，需多长时间（设 $u_C(0)=0$）？

八、实验报告要求

（1）整理实验数据，画出波形图（注意波形间的相位关系）。

（2）将理论计算结果和实测数据相比较，分析产生误差的原因。

实验十四　直流稳压电源

一、实验目的

（1）熟悉单相半波、桥式整流电路的工作原理。

（2）学会整流、电容滤波波形的观察方法和电容滤波的作用。

（3）了解集成稳压器的特点和性能指标的测试方法。

二、实验原理

电子设备一般都需要直流电源供电。这些直流电除了少数直接利用干电池和直流发电机外，大多数是采用把交流电（市电）转变为直流电的直流稳压电源。

直流稳压电源由电源变压器、整流、滤波和稳压电路四部分组成，其原理框图如图 14-1 所示。电网供给的交流电压 u_1（220V，50Hz）经电源变压器降压后，得到符合电路需要的交流电压 u_2，然后由整流电路变换成方向不变、大小随时间变化的脉动电压 u_3，再用滤波器滤去其交流分量，就可得到比较平直的直流电压 U_I。但这样的直流输出电压，还会随交流电网电压的波动或负载的变动而变化。在对直流供电要求较高的场合，还需要使用稳压电路，以保证输出的直流电压更加稳定。

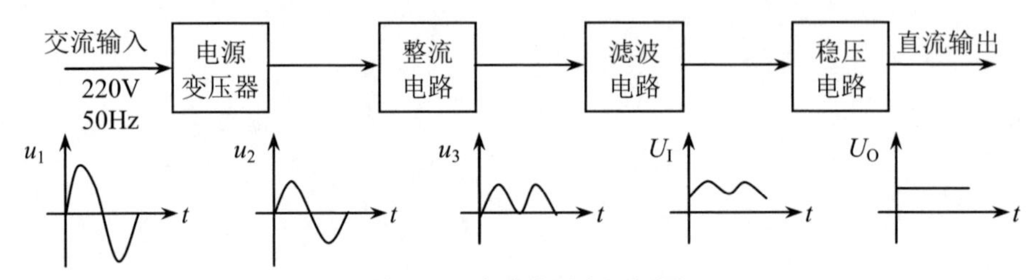

图 14-1　直流稳压电源框图

1. 单相半波整流滤波电路

无电容滤波：U_O=0.45U_2

电容滤波带负载：U_C=(0.9～1.2)U_2

电容滤波空载：U_C=U_{2m}

2. 单相桥式整流滤波电路

整流电路采用由四个二极管组成的桥式整流器成品（又称桥堆），型号为2W06（或 KBP306），内部接线和外部管脚引线如图 14-2 所示。

无电容滤波：$U_O=0.9U_2$

电容滤波带负载：$U_C=(1.0\sim1.4)U_2$

电容滤波空载：$U_C=U_{2m}$

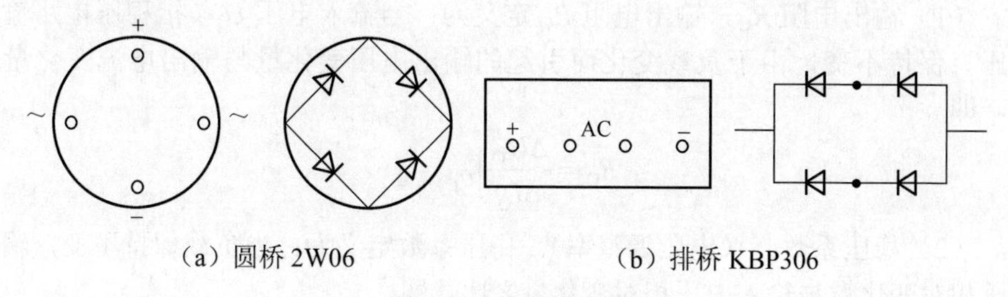

（a）圆桥 2W06　　（b）排桥 KBP306

图 14-2　桥堆管脚图

3. 稳压电路

随着半导体工艺的发展，稳压电路也制成了集成器件。较常用的是集成三端稳压器。

W78××、W79××系列三端式集成稳压器的输出电压是固定的，在使用中不能进行调整。W78××系列输出正极性电压，一般有 5V、6V、9V、12V、15V、18V、24V 七个档次，输出电流最大可达 1.5A（加散热片）。同类型 78M 系列稳压器的输出电流为 0.5A，78L 系列稳压器的输出电流为 0.1A。若要求负极性输出电压，则可选用 W79××系列稳压器。W78××系列的外形和接线图如图 14-3 所示。它有三个引出端：

- 输入端（不稳定电压输入端）：标以“1”。
- 输出端（稳定电压输出端）：标以“2”。
- 公共端：标以“3”。

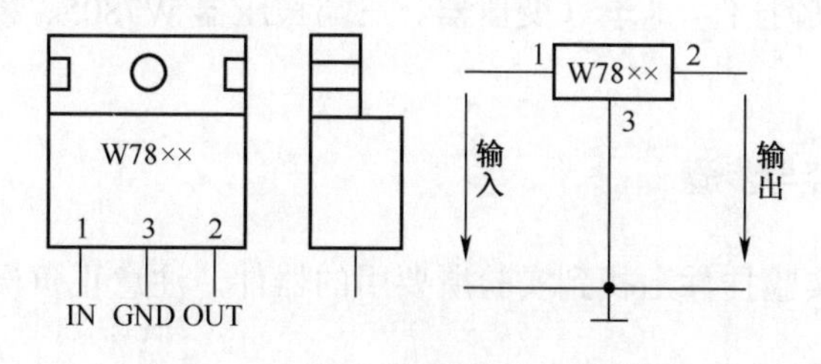

图 14-3　W78××系列外形及接线图

除固定输出三端稳压器外，尚有可调式三端稳压器，后者可通过外接元件对输出电压进行调整，以适应不同的需求。

本实验所用集成稳压器为三端固定正稳压器 W7805，它的主要参数有：输出直流电压 U_O=+5V，输出电流 L：I_O=0.1A、M：I_O=0.5A，电压调整率为 10mV/V，输出电阻 R_O=0.15Ω，输入电压 U_I 的范围为 8～10V。因为一般 U_I 要比 U_O 大 3～5V，才能保证集成稳压器工作在线性区。

*4. 稳压电源的主要性能指标

（1）输出电阻 R_O。输出电阻 R_O 定义为：当输入电压 U_I（指稳压电路输入电压）保持不变，由于负载变化而引起的输出电压变化量与输出电流变化量之比，即

$$R_O = \frac{\Delta U_O}{\Delta I_O}\bigg|_{U_I=\text{常数}}$$

（2）稳压系数 S（电压调整率）。稳压系数定义为：当负载保持不变，输出电压相对变化量与输入电压相对变化量之比，即

$$S = \frac{\Delta U_O / U_O}{\Delta U_I / U_I}\bigg|_{R_L=\text{常数}}$$

由于工程上常把电网电压波动±10%做为极限条件，因此也有将此时输出电压的相对变化 $\Delta U_O/U_O$ 做为衡量指标，称为电压调整率。

（3）纹波电压。输出纹波电压是指在额定负载条件下，输出电压中所含交流分量的有效值（或峰值）。

三、实验设备

（1）可调工频电源（220V、50Hz），1 路。

（2）双踪示波器，1 台。

（3）交流毫伏表，0～300V，1 块。

（4）直流电压表，0～200V，1 块。

（5）模电实验挂件，1 套（变压器、三端稳压器 W7805、桥堆、二极管、电阻、电容等）。

四、实验内容与步骤

直接从模电实验挂件上找到实验所要用的器件，注意正负极性，然后进行下列实验。

1. 整流滤波电路测试

按图 14-4 连接实验电路，取工频电源变压器副边电压 u_2 有效值为 10V、14V

或 17V，作为整流电路输入电压。

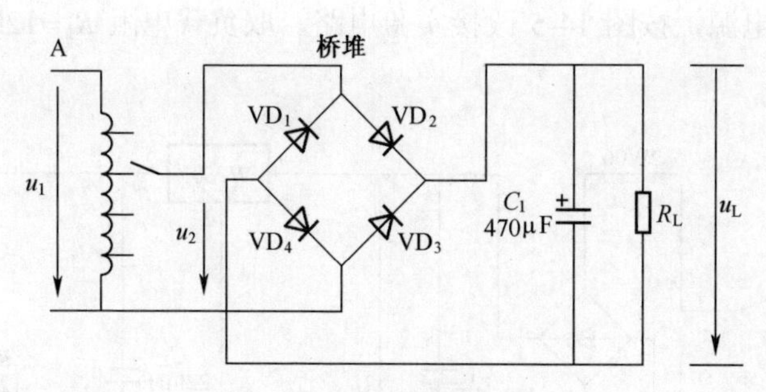

图 14-4　整流滤波电路

（1）取 R_L=240Ω，不加滤波电容 C_1，用交流毫伏表测量有效值 U_2，用直流电压表测量输出电压平均值 U_L，用示波器观察 u_L 波形，并测出波形的最大值与最小值，记入表 14-1 中。

表 14-1　U_2=____V 整流滤波电路测试数据

电路形式		U_2/V	U_L/V	u_L 波形（标出最大值和最小值）
R_L=240Ω	~			u_L　t
R_L=240Ω C_1=470μF	~　+			u_L　t
R_L=120Ω C_1=470μF	~　+			u_L　t

（2）取 R_L=240Ω，C_1=470μF，分别测量 U_2 和 U_L，观察 u_L 波形，并测出波形的最大值与最小值，记入表 14-1 中。

（3）取 R_L=120Ω，C_1=470μF，分别测量 U_2 和 U_L，观察 u_L 波形，并测出波形的最大值与最小值，记入表 14-1 中。

2. 集成稳压器性能测试

断开工频电源，按图 14-5 改接实验电路，取负载电阻 R_L=120Ω和 R_L=240Ω两种情况。

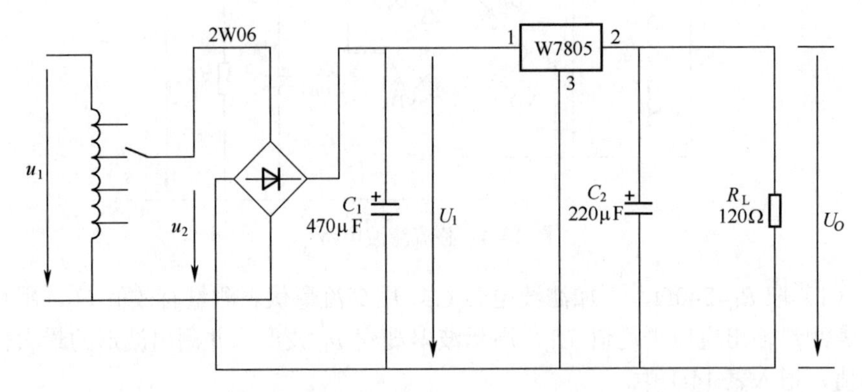

图 14-5 由 W7805（或 W7812 或 W7815）构成的串联型稳压电源

（1）负载变化对稳压电路输出的影响。接通工频 10V、14V 或 17V 电源，并保持不变，用交流表测量 U_2，用直流表测量稳压器输入电压 U_I 和输出电压 U_O 的值，记入表 14-2 中。它们的数值应与理论值大致相同，否则说明电路出了故障，此外要设法查找故障并加以排除。

表 14-2 负载变化稳压电路数据

R_L	U_2/V	U_I/V	U_O/V
120Ω			
240Ω			

（2）电源电压变化对稳压电路输出的影响。取 R_L=240Ω，并保持不变，改变整流电路输入电压 U_2 的值（如：6V、10V、14V 或 17V，模拟电源电压变化），分别测出稳压器输入电压 U_I 及输出电压 U_O 的值，记入表 14-3 中。

表 14-3 电源电压变化稳压电路数据

U_2/V	U_I/V	U_O/V

*（3）计算性能指标。根据步骤（1）的数据计算输出电阻 R_O；根据步骤（2）的数据计算稳压系数 S。

五、预习要求

（1）复习有关整流、滤波电路的工作原理，并计算整流、滤波输出电压。

（2）熟悉滤波电容的作用，说明图 14-5 中 U_2、U_I、U_L 的物理意义，并从实验仪器中选择合适的测量仪表。

（3）复习教材中有关集成稳压器部分内容。

六、注意事项

（1）每次改接电路时，必须切断工频电源。

（2）不要用示波器去观察电源变压器原边电压波形，可能造成电源短路。

（3）测试变压器副边电压 U_2 用交流表，测整流、滤波、稳压电路输出时用直流表。

七、思考题

（1）在桥式整流电路中，如果某个二极管发生开路、短路或反接三种情况，将会出现什么问题？

（2）在桥式整流电路实验中，能否用双踪示波器同时观察 u_2 和 u_L 波形？为什么？

（3）为了使稳压电源的输出电压 U_L=5V，则其输入电压的最小值 U_{Imin} 应等于多少？交流输入电压 U_{2min} 又怎样确定？

八、实验报告要求

（1）整理实验数据和波形，完成相关计算。

（2）分析整流桥和滤波电容在电路中所起的作用。

（3）熟悉三端稳压器的使用方法，说明稳压电路的作用。

（4）分析讨论实验中出现的现象和问题。

实验十五　门电路的应用

一、实验目的

（1）掌握 TTL 集成与非门的外形结构、管脚序号和逻辑功能。

（2）熟悉数字电路实验装置的结构，基本功能和使用方法。

（3）掌握组合逻辑电路的分析和设计方法。

二、实验原理

1. 与非门的逻辑功能

本实验采用 TTL 集成两输入四与非门 74LS00 和四输入双与非门 74LS20，即在一块集成块内含有四个或两个互相独立的与非门，每个与非门有两个或四个输入端。其外引线排列如图 15-1 所示。

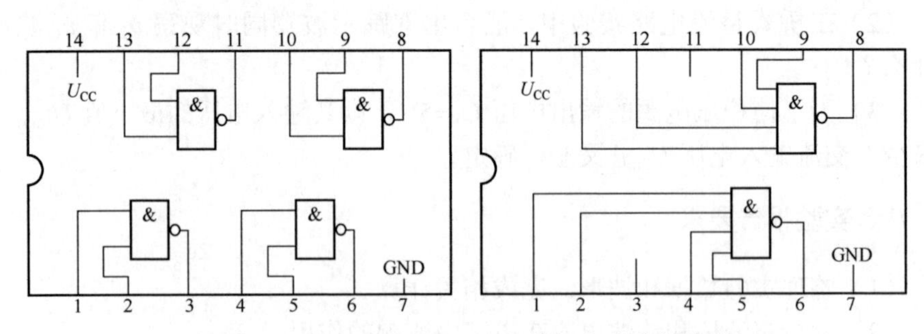

图 15-1　74LS00 和 74LS20 与非门电路引脚排列

与非门的逻辑功能是：当输入端中有一个或一个以上是低电平时，输出端为高电平；只有当输入端全部为高电平时，输出端才是低电平（即有“0”得“1”，全“1”得“0”）。

其逻辑表达式为：$Y=\overline{AB\cdots}$

2. 组合逻辑电路的分析

由逻辑门可以组成组合逻辑电路，它在任意时刻的输出信号仅取决于该时刻的输入信号，而与信号输入之前电路原来的状态无关。组合逻辑电路的分析就是根据已知给出的逻辑图写出逻辑函数式，分析输出与输入之间的逻辑关系，即分析其逻辑功能。

3. 组合逻辑电路的设计步骤

（1）根据设计要求，按逻辑功能列出逻辑真值表。

（2）利用公式法求出逻辑最简表达式。然后再根据给定的逻辑器件或其他实际要求重新进行逻辑变换，得到所需的逻辑表达式。

（3）由逻辑表达式画出逻辑图。

（4）由逻辑图构成实际电路，然后进行逻辑功能测试。

4. 组合逻辑电路的逻辑变换

设计组合逻辑电路时，为满足给定的逻辑元件，需要对最简逻辑表达式进行逻辑变换，例如：

$$Y = A\overline{B} + \overline{A}C = (A+C)(\overline{A}+\overline{B}) = \overline{\overline{A\overline{B}} \cdot \overline{\overline{A}C}} = \overline{\overline{A+C} + \overline{\overline{A}+\overline{B}}} = \overline{\overline{A}\,\overline{C} + AB}$$

三、实验设备

（1）直流稳压电源，+5V，1 路。

（2）直流数字电压表，0～200V，1 块。

（3）数字电路实验挂件，1 套（逻辑电平开关、逻辑电平显示器等）。

（4）实验用集成模块 74LS00，3 片；74LS20，3 片。

四、实验内容及要求

1. 验证 TTL 集成与非门 74LS20 的逻辑功能

（1）按图 15-2 接线，门的四个输入端接逻辑电平开关，以提供“0”与“1”电平信号，开关向上，输出逻辑“1”，向下为逻辑“0”。门的输出端接逻辑电平显示器，灯亮为逻辑“1”，不亮为逻辑“0”。

（2）按表 15-1 的真值表逐个测试集成模块中两个与非门的逻辑功能。

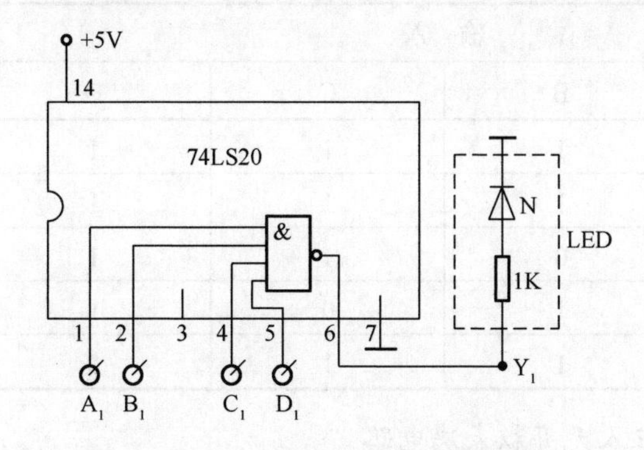

图 15-2　74LS20 与非门逻辑功能测试

表 15-1 74LS20 与非门的逻辑功能

输 入				输 出
A_1	B_1	C_1	D_1	Y_1
1	1	1	1	
0	1	1	1	
1	0	1	1	
1	1	0	1	
1	1	1	0	

2. 测试组合逻辑电路的逻辑功能

根据图 15-1 逻辑门的管脚排列位置，按图 15-3 的逻辑图接线，完成功能测试，记入表 15-2 中，其他逻辑组合自行列表验证，并总结规律分析其逻辑功能。

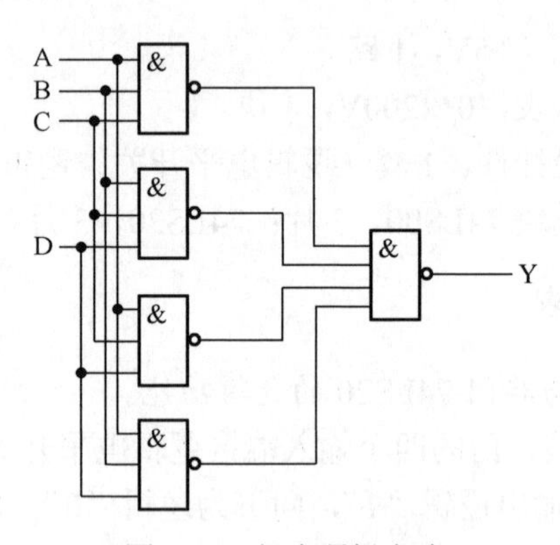

图 15-3 组合逻辑电路

表 15-2 组合逻辑电路的逻辑功能

输 入				输 出
A	B	C	D	Y
1	1	1	1	
0	1	1	1	
1	0	1	1	
1	1	0	1	
1	1	1	0	

3. 设计一个三人无弃权表决电路

（1）表决器赞成为 1，不赞成为 0，赞成通过输出为 1，否则输出为 0。要求用 74LS00 或 74LS20 与非门实现。

（2）写出设计过程，画出逻辑电路图。

（3）在数字实验板上进行验证。

五、预习要求

（1）组合逻辑电路分析、设计的基本方法。

（2）逻辑变换原理和方法。

（3）查阅相关集成组件的型号和管脚排列资料。

（4）设计出本实验所要求的逻辑电路。

六、注意事项

（1）接插集成块时，要认清定位标记，不得插反。

（2）实验中要求使用 U_{CC}=+5V 的电源电压，电源极性绝对不允许接错。

（3）闲置输入端处理方法：悬空或直接接电源电压 U_{CC} 的正极上或与输入端为接地的多余与非门的输出端相接。

七、思考题

（1）如何用最简单的方法验证“与非”门的逻辑功能是否完好？

（2）“与非”门的一个输入端接连续脉冲，其余端在什么状态时允许脉冲通过？什么状态时禁止脉冲通过？

八、实验报告要求

（1）完成本实验要求的测试功能部分，并说明其逻辑功能。

（2）简述本实验所要求逻辑功能的设计过程，画出设计的电路图。

（3）验证设计电路，记录测试结果，检测是否符合设计要求？

实验十六　触发器的应用

一、实验目的

（1）掌握基本 RS、JK、D 和 T 触发器的逻辑功能。

（2）掌握集成触发器的逻辑功能及使用方法。

（3）熟悉触发器之间相互转换的方法。

二、实验原理

触发器具有两个稳定状态，用来表示逻辑状态“1”和“0”，在一定的外界信号作用下，可以从一个稳定状态翻转到另一个稳定状态。它是一个具有记忆功能的二进制信息存储器件，也是构成各种时序电路的最基本逻辑单元。

1. 基本 RS 触发器

图 16-1 是一个由两个与非门交叉耦合构成的基本 RS 触发器，它是无时钟控制、由低电平直接触发的触发器。基本 RS 触发器具有置“0”、置“1”和“保持”三种功能。通常称 $\overline{S}$ 为置“1”端，因为 $\overline{S}$=0（$\overline{R}$=1）时触发器被置“1”；$\overline{R}$ 为置“0”端，因为 $\overline{R}$=0（$\overline{S}$=1）时触发器被置“0”，当 $\overline{S}=\overline{R}$=1 时状态保持；$\overline{S}=\overline{R}$=0 时，触发器状态不定，应避免此种情况发生。表 16-1 为基本 RS 触发器的功能表。

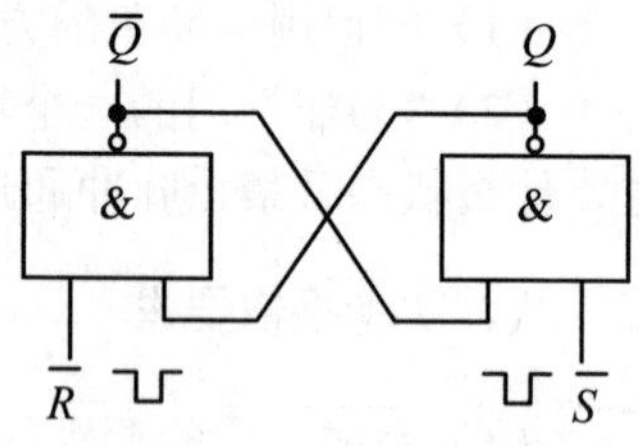

图 16-1　基本 RS 触发器

表 16-1　基本 RS 触发器的功能表

输入		输出	
$\overline{S}$	$\overline{R}$	Q^{n+1}	$\overline{Q}^{n+1}$
0	1	1	0
1	0	0	1
1	1	Q^{n}	$\overline{Q}^{n}$
0	0	φ	φ

2. JK 触发器

在输入信号为双端的情况下，JK 触发器是一种功能完善、使用灵活和通用性较强的触发器。本实验采用 74LS112 双 JK 触发器，是下降边沿触发的边沿触发器，引脚排列及逻辑符号如图 16-2 所示，其功能见表 16-2。

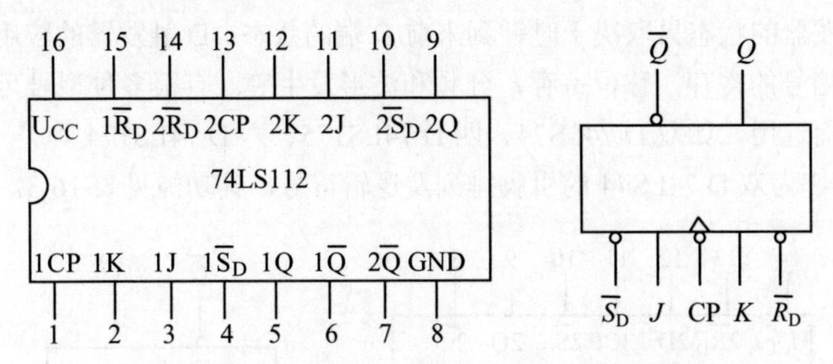

图 16-2　74LS112 双 JK 触发器引脚排列及逻辑符号

JK 触发器的状态方程为：

$$Q^{n+1}=J\overline{Q}^n+\overline{K}Q^n$$

J 和 K 是数据输入端，是触发器状态更新的依据。若 J、K 有两个或两个以上输入端时，组成“与”的关系。Q 与 $\overline{Q}$ 为两个互补输出端。通常把 Q=0、$\overline{Q}$=1 的状态定为触发器“0”状态；而把 Q=1，$\overline{Q}$ =0 定为“1”状态。

JK 触发器常被用作缓冲存储器，移位寄存器和计数器。

表 16-2　JK 触发器的逻辑功能

输入					输出	
$\overline{S}_D$	$\overline{R}_D$	CP	J	K	Q^{n+1}	$\overline{Q}^{n+1}$
0	1	×	×	×	1	0
1	0	×	×	×	0	1
0	0	×	×	×	φ	φ
1	1	↓	0	0	Q^n	$\overline{Q}^n$
1	1	↓	1	0	1	0
1	1	↓	0	1	0	1
1	1	↓	1	1	$\overline{Q}^n$	Q^n
1	1	↑	×	×	Q^n	$\overline{Q}^n$

注意：

×：任意态；↓：高到低电平跳变；↑：低到高电平跳变；

Q^n（$\overline{Q}^n$）：现态；Q^{n+1}（$\overline{Q}^{n+1}$）：次态；φ：不定态。

3. D 触发器

在输入信号为单端的情况下，D 触发器用起来最为方便，其状态方程为

$$Q^{n+1}=D^{n}$$

其输出状态的更新发生在 CP 脉冲的上升沿，故又称为上升沿触发的边沿触发器，触发器的状态只取决于时钟到来前 D 端的状态。D 触发器的应用很广，可用作数字信号的寄存，移位寄存，分频和波形发生等。有很多种型号可供各种用途的需要而选用，如双 D 74LS74、四 D 74LS175、六 D 74LS174 等。

图 16-3 为双 D 74LS74 的引脚排列及逻辑符号，其功能见表 16-3。

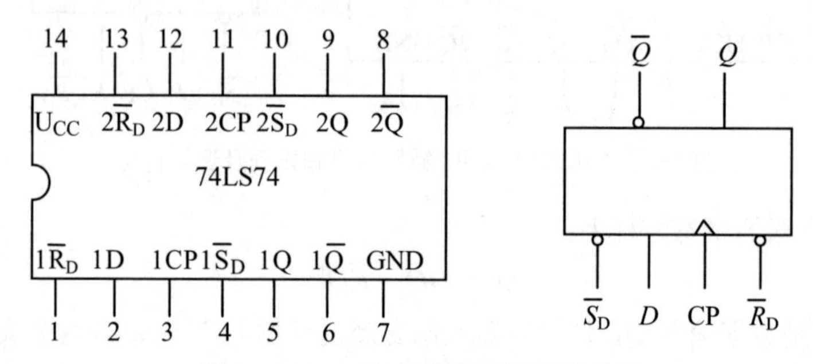

图 16-3 74LS74 引脚排列及逻辑符号

表 16-3 双 D 74LS74 的逻辑功能

输入				输出	
$\overline{S}_D$	$\overline{R}_D$	CP	D	Q^{n+1}	$\overline{Q}^{n+1}$
0	1	×	×	1	0
1	0	×	×	0	1
0	0	×	×	φ	φ
1	1	↑	1	1	0
1	1	↑	0	0	1
1	1	↓	×	Q^n	$\overline{Q}^n$

4. 触发器之间的相互转换

在集成触发器的产品中，每一种触发器都有自己固定的逻辑功能。但可以利用转换的方法获得具有其他功能的触发器。例如将 JK 触发器的 J、K 两端连在一起，并设它为 T 端，就得到所需的 T 触发器。如图 16-4（a）所示，其状态方程为：

$$Q^{n+1}=T\overline{Q}^{n}+\overline{T}Q^{n}$$

T 触发器的功能见表 16-4。

由功能表可见，当 T=0 时，时钟脉冲作用后，其状态保持不变；当 T=1 时，时钟脉冲作用后，触发器状态翻转。所以，若将 T 触发器的 T 端置“1”，如图 16-4（b）所示，即得 T'触发器。在 T'触发器的 CP 端每来一个 CP 脉冲信号，触发器的状态就翻转一次，故称之为反转触发器，广泛用于计数电路中。

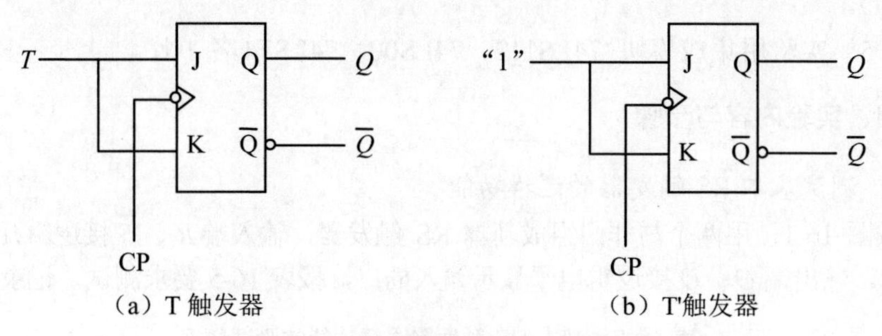

（a）T 触发器　　（b）T'触发器

图 16-4　JK 触发器转换为 T、T'触发器

表 16-4　T 触发器的逻辑功能

输入				输出
$\overline{S}_D$	$\overline{R}_D$	CP	T	Q^{n+1}
0	1	×	×	1
1	0	×	×	0
1	1	↓	0	Q^n
1	1	↓	1	$\overline{Q}^n$

同样，若将 D 触发器 $\overline{Q}$ 端与 D 端相连，便转换成 T'触发器，如图 16-5 所示。JK 触发器也可转换为 D 触发器，如图 16-6 所示。

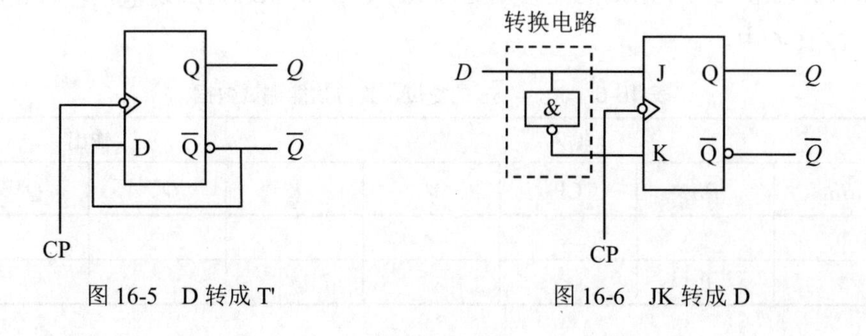

图 16-5　D 转成 T'　　图 16-6　JK 转成 D

三、实验设备

（1）直流稳压电源，+5V，1 路。

（2）双踪示波器，1 台。

（3）函数信号发生器，1 台。

（4）数字电路实验挂件，1 套（逻辑电平开关、逻辑电平显示器、单次脉冲源等）。

（5）实验用集成模块 74LS112、74LS00、74LS74 各 1 片。

四、实验内容与步骤

1. 测试基本 RS 触发器的逻辑功能

按图 16-1，用两个与非门组成基本 RS 触发器，输入端$\overline{R}$、$\overline{S}$接逻辑开关的输出插口，输出端 Q、$\overline{Q}$接逻辑电平显示输入插口，按表 16-5 要求测试，记录数据。

表 16-5 基本 RS 触发器逻辑功能的测试数据

$\overline{R}$	$\overline{S}$	Q	$\overline{Q}$
1	1→0		
	0→1		
1→0	1		
0→1			
0	0		

2. 测试双 JK 触发器 74LS112 逻辑功能

（1）测试$\overline{R}_D$、$\overline{S}_D$的复位、置位功能。任取一只 JK 触发器，$\overline{R}_D$、$\overline{S}_D$、J、K 端接逻辑开关输出插口，CP 端接单次脉冲源，Q、$\overline{Q}$端接至逻辑电平显示输入插口。要求改变$\overline{R}_D$、$\overline{S}_D$（J、K、CP 处于任意状态），并在$\overline{R}_D$=0（$\overline{S}_D$=1）或$\overline{S}_D$=0（$\overline{R}_D$=1）作用期间任意改变 J、K 及 CP 的状态，观察 Q、$\overline{Q}$状态，记录于表 16-6 中。

表 16-6 $\overline{R}_D$、$\overline{S}_D$的复位、置位功能测试数据

输入					输出	
$\overline{S}_D$	$\overline{R}_D$	CP	J	K	Q^{n+1}	$\overline{Q}^{n+1}$
0	1	×	×	×		
1	0	×	×	×		

（2）测试 JK 触发器的逻辑功能。按表 16-7 的要求改变 J、K、CP 端状态，观察 Q、$\overline{Q}$ 的状态变化，观察触发器状态更新是否发生在 CP 脉冲的下降沿（即 CP 由 1→0），记录之。

表 16-7 JK 触发器的逻辑功能测试数据

J	K	CP	Q^{n+1}	
			$Q^n=0$	$Q^n=1$
0	0	0→1		
		1→0		
0	1	0→1		
		1→0		
1	0	0→1		
		1→0		
1	1	0→1		
		1→0		

（3）将 JK 触发器的 J、K 端连在一起，构成 T 触发器。在 CP 端输入 1Hz 连续脉冲，观察 Q 端的变化。在 CP 端输入 1kHz 连续脉冲，用双踪示波器观察 CP、Q、$\overline{Q}$ 端的波形，注意相位关系。

3．测试双 D 触发器 74LS74 的逻辑功能

（1）测试 $\overline{R}_D$、$\overline{S}_D$ 的复位、置位功能。测试方法同实验内容 2 步骤（1），并自拟表格记录。

（2）测试 D 触发器的逻辑功能。按表 16-8 的要求进行测试，并观察触发器状态更新是否发生在 CP 脉冲的上升沿（即由 0→1），记录之。

表 16-8 测试 D 触发器的逻辑功能测试数据

D	CP	Q^{n+1}	
		$Q^n=0$	$Q^n=1$
0	0→1		
	1→0		
1	0→1		
	1→0		

（3）将 D 触发器的 $\overline{Q}$ 端与 D 端相连接，构成 T'触发器。测试方法同实验内

容 2 步骤（3），记录数据。

*4. 双相时钟脉冲电路

用 JK 触发器及与非门构成的双相时钟脉冲电路如图 16-7 所示，此电路是用来将时钟脉冲 CP 转换成两相时钟脉冲 CP_A 及 CP_B，其频率相同、相位不同。

分析电路工作原理，并按图 16-7 接线，用双踪示波器同时观察 CP、CP_A；CP、CP_B 及 CP_A、CP_B 三组波形，并描绘之。

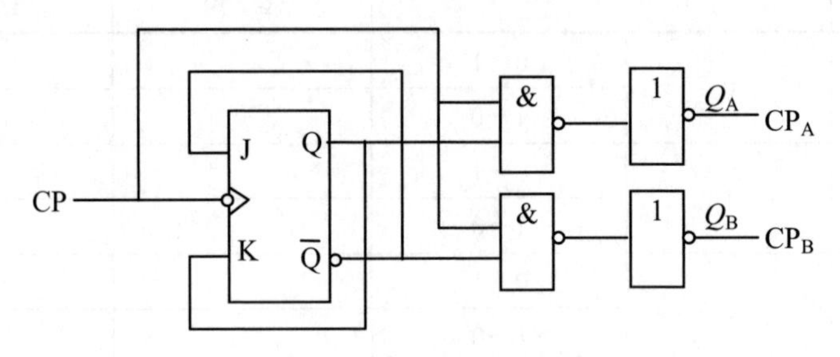

图 16-7 双相时钟脉冲电路

五、预习要求

（1）复习有关触发器的内容。

（2）熟悉所用集成触发器的引脚排列图，了解集成块各管脚的作用。

六、注意事项

（1）注意异步置 0 及置 1 端，复位或置位后正常使用时应接高电平。

（2）接线及改线时要切断电源，并注意集成电路电源不要接错。

七、思考题

利用普通的机械开关组成的数据开关所产生的信号是否可作为触发器的时钟脉冲信号？为什么？是否可以用作触发器其他输入端的信号？又是为什么？

八、实验报告要求

（1）列表整理各类触发器的逻辑功能。

（2）总结观察到的波形，说明触发器的触发方式。

实验十七 计数器的应用

一、实验目的

（1）学习用集成触发器构成计数器的方法。

（2）掌握中规模集成计数器的使用及功能测试方法。

二、实验原理

计数器是一个用以实现计数功能的时序部件，它不仅可用来计脉冲数，还常用作数字系统的定时、分频和执行数字运算以及其他特定的逻辑功能。

计数器种类很多，按构成计数器中的各触发器是否使用一个时钟脉冲源来分，有同步计数器和异步计数器。根据计数制的不同，分为二进制计数器，十进制计数器和任意进制计数器。根据计数的增减趋势，又分为加法、减法和可逆计数器。还有可预置数和可编程序功能计数器等。目前，无论是 TTL 还是 CMOS 集成电路，都有品种较齐全的中规模集成计数器。使用时只要借助于器件手册提供的功能表和工作波形图以及引出端的排列，就能正确地运用这些器件。

1. *用 D 触发器构成异步二进制加/减计数器*

图 17-1 是用四只 D 触发器构成的四位二进制异步加法计数器，它的特点是将每只 D 触发器接成 T'触发器，再由低位触发器的 $\bar{Q}$ 端和高一位的 CP 端相连接。

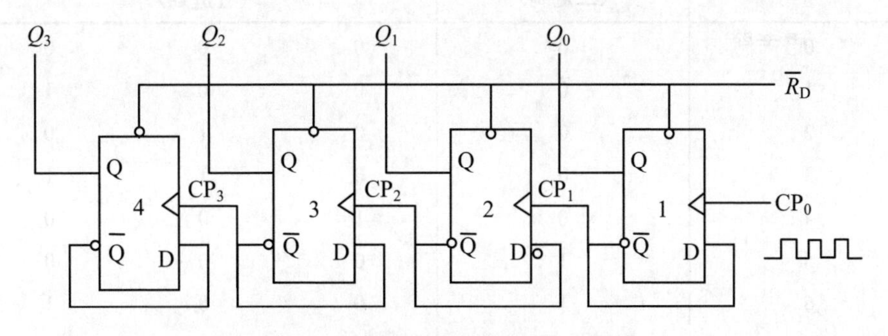

图 17-1 四位二进制异步加法计数器

若将图 17-1 稍作改动，即将低位触发器的 Q 端与高一位的 CP 端相连接，即构成了一个 4 位二进制减法计数器。

2. 中规模十进制计数器

74LS90 是 TTL 系列的十进制计数器，其引脚排列如图 17-2 所示。其内部由四个主从触发器和一些附加门电路组成，以提供一个 2 分频计数器和一个五进制计数器。若把 Q_3 连接到输入端 A 上，输出则为二五混合进制，见表 17-1，这时输入脉冲加在 B 端，在 Q_0 的输出上可以得到一个十分频的方波。若作为十进制计数器使用时，须将 Q_0 输出端连到 B 输入端，计数输入脉冲加到输入端 A 上，则输出为 BCD 计数，见表 17-2。74LS90 芯片有门控复零输入端及门控置 9 输入端，复位/计数功能见表 17-3。

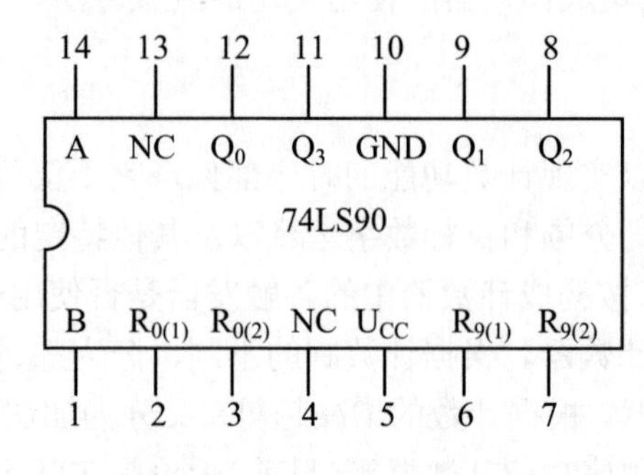

图 17-2 74LS90 引脚排列

表 17-1 74LS90 的二五混合进制功能

输入	输出			
计数	Q_3（二进制）	Q_2	Q_1（五进制）	Q_0
0	0	0	0	0
1	0	0	0	1
2	0	0	1	0
3	0	0	1	1
4	0	1	0	0
5	1	0	0	0
6	1	0	0	1
7	1	0	1	0
8	1	0	1	1
9	1	1	0	0

表 17-2　74LS90 的 BCD 计数时序功能

输入	输出			
计数	Q_3	Q_2	Q_1	Q_0
	（十进制）			
0	0	0	0	0
1	0	0	0	1
2	0	0	1	0
3	0	0	1	1
4	0	1	0	0
5	0	1	0	1
6	0	1	1	0
7	0	1	1	1
8	1	0	0	0
9	1	0	0	1

表 17-3　74LS90 复位/计数功能表

复位输入端				输出端			
$R_{0(1)}$	$R_{0(2)}$	$R_{9(1)}$	$R_{9(2)}$	Q_3	Q_2	Q_1	Q_0
1	1	0	×	0	0	0	0
1	1	×	0	0	0	0	0
×	×	1	1	1	0	0	1
×	0	×	0	计数			
0	×	×	0	计数			
0	×	0	×	计数			
×	0	0	×	计数			

3. 计数器的级联使用

一个十进制计数器只能表示 0～9 十个数，为了扩大计数器范围，常用多个十进制计数器级联使用。同步计数器往往设有进位（或借位）输出端，故可选用其进位（或借位）输出信号驱动下一级计数器。

图 17-3 是由 74LS90 利用输出端 Q_3 控制高一位的 CP 端构成的加计数级联电路。

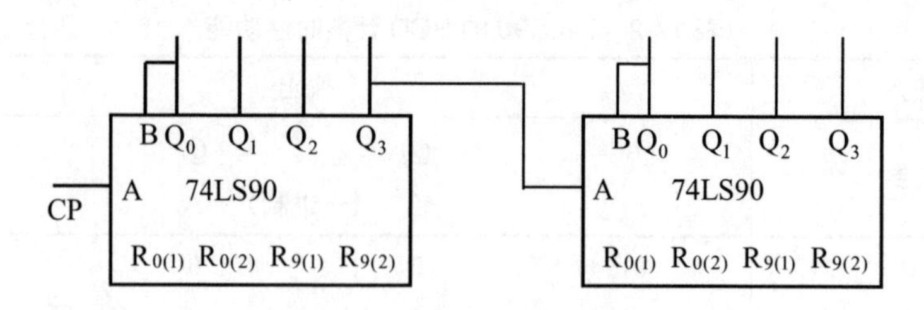

图 17-3 74LS90 计数器级联电路

4. 实现任意进制计数

（1）用复位法获得任意进制计数器。假定已有 M 进制计数器，而需要得到一个 N 进制计数器时，只要 N＜M，用复位法使计数器计数到 N 时置“0”，即获得 N 进制计数器。如图 17-4 所示为一个由 74LS90 十进制计数器接成的六进制计数器。

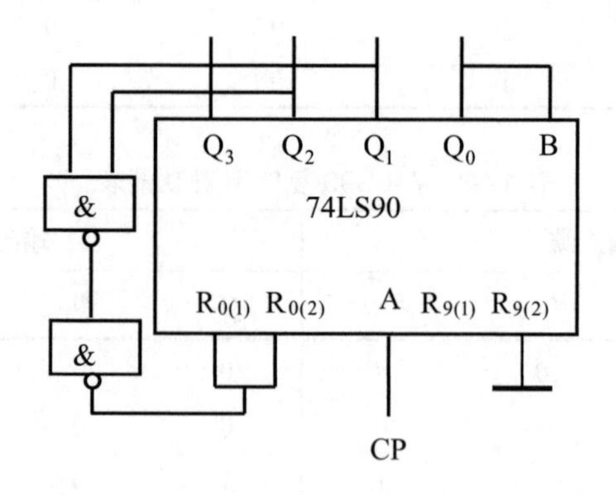

图 17-4 六进制计数器

（2）利用预置功能获 N 进制计数器。外加的由与非门构成的锁存器可以克服器件计数速度的离散性，保证在反馈置“0”信号作用下计数器可靠置“0”。

三、实验设备

（1）直流稳压电源，+5V，1 路。

（2）双踪示波器，1 台。

（3）函数信号发生器，1 台。

（4）数字电路实验挂件，1 套（逻辑电平开关、逻辑电平显示器、译码显示器、0–1 指示器、单次脉冲源等）。

（5）实验用集成模块 74LS74（2 片）、74LS90（2 片）、74LS00（1 片）。

四、实验内容与步骤

（1）用 74LS74 D 触发器构成 4 位二进制异步加法计数器。

1）按图 17-1 接线，$\overline{R}_D$接逻辑电平开关，将低位 CP_0端接单次脉冲源，输出端 Q_3、Q_2、Q_1、Q_0接逻辑电平显示器，各$\overline{S}_D$接高电平 1。

2）清零后，逐个送入单次脉冲，观察并列表记录 Q_3～Q_0 状态。

3）将单次脉冲改为 1Hz 的连续脉冲，观察 Q_3～Q_0的状态。

4）将 1Hz 的连续脉冲改为 1kHz，用双踪示波器观察 CP、Q_3、Q_2、Q_1、Q_0 端波形，描绘之。

*5）将图 17-1 所示电路中的低位触发器的 Q 端与高一位的 CP 端相连接，构成减法计数器，按实验内容 2）、3）、4）进行实验，观察并列表记录 Q_3～Q_0 的状态。

（2）测试 74LS90 十进制计数器的逻辑功能。将图 17-2 所示 74LS90 的$R_{0(1)}$、$R_{0(2)}$、$R_{9(1)}$、$R_{9(2)}$接逻辑电平开关，输出端 Q_3、Q_2、Q_1、Q_0接逻辑电平显示器，Q_0输出端连到 B 输入端，计数输入脉冲加到输入端 A 上，按照功能表 17-2 和表 17-3 测试，比较结果并列表记录。

（3）计数器的级联使用。如图 17-3 所示，用两片 74LS90 组成两位十进制加法计数器，输入 1Hz 连续计数脉冲，进行由 00～99 累加计数，观察并说明结果。

（4）测试十进制计数器接成的六（N）进制计数器。按图 17-4 所示的电路进行实验，或自拟任意进制电路进行实验，观察并列表记录。

*（5）设计一个数字钟移位 60 进制计数器并进行实验。

五、预习要求

（1）复习有关计数器部分内容。

（2）绘出各实验内容的详细逻辑图并标注芯片管脚位置。

（3）拟出各实验内容所需的测试记录表格。

（4）查手册，给出并熟悉实验所用各集成芯片的引脚排列图。

六、注意事项

（1）注意每个芯片管脚要一一对应。

（2）每个芯片的电源必须要连接上，并且不能接反。

（3）注意级联芯片实现多位计数功能时芯片之间的连接关系。

七、思考题

（1）在采用中规模集成计数器构成 N 进制计数器时，常采用哪两种方法？二者有何区别？

（2）如果只用一块 74LS90（不用与非门），如何实现六进制计数器？

（3）如何运用集成计数器构成 1/N 分频器？

八、实验报告要求

（1）画出实验线路图，记录、整理实验现象及实验所得的有关波形。对实验结果进行分析。

（2）总结使用集成计数器的体会。

实验十八　555 时基电路的应用

一、实验目的

（1）熟悉 555 型集成时基电路结构、工作原理及其特点。

（2）掌握 555 型集成时基电路的基本应用。

二、实验原理

集成时基电路又称为集成定时器或 555 电路，是一种数字、模拟混合型的中规模集成电路，应用十分广泛。它是一种产生时间延迟和多种脉冲信号的电路，由于内部电压标准使用了三个 5kΩ电阻，故取名 555 电路。其电路类型有双极型和 CMOS 型两大类，二者的结构与工作原理类似，逻辑功能和引脚排列完全相同，易于互换。双极型的电源电压 U_{CC}=5～15V，输出的最大电流可达 200mA，CMOS 型的电源电压为 3～18V。

1. 555 电路的工作原理

555 电路的内部电路方框图如图 18-1 所示。它含有两个电压比较器，一个基本 RS 触发器，一个放电开关管 VT，比较器的参考电压由三只 5kΩ的电阻器构成的分压器提供。它们分别使高电平比较器 A_1 的同相输入端和低电平比较器 A_2 的反相输入端的参考电平为 $\frac{2}{3}U_{CC}$ 和 $\frac{1}{3}U_{CC}$。A_1 与 A_2 的输出端控制 RS 触发器状态和放电管开关状态。

当输入信号自 6 脚，即高电平触发输入，并超过参考电平 $\frac{2}{3}U_{CC}$ 时，触发器复位，555 的输出端 3 脚输出低电平，同时放电开关管导通；当输入信号自 2 脚输入并低于 $\frac{1}{3}U_{CC}$ 时，触发器置位，555 的 3 脚输出高电平，同时放电开关管截止。

$\overline{R}_D$ 是复位端（4 脚），当 $\overline{R}_D$=0 时，555 输出低电平。平时 $\overline{R}_D$ 端开路或接 U_{CC}。

U_C 是控制电压端（5 脚），平时输出 $\frac{2}{3}U_{CC}$ 作为比较器 A_1 的参考电平，当 5 脚外接一个输入电压，即改变了比较器的参考电平，从而实现对输出的另一种控制，在不接外加电压时，通常接一个 0.01μF 的电容器到地，起滤波作用，以消除外来的干扰，确保参考电平的稳定。

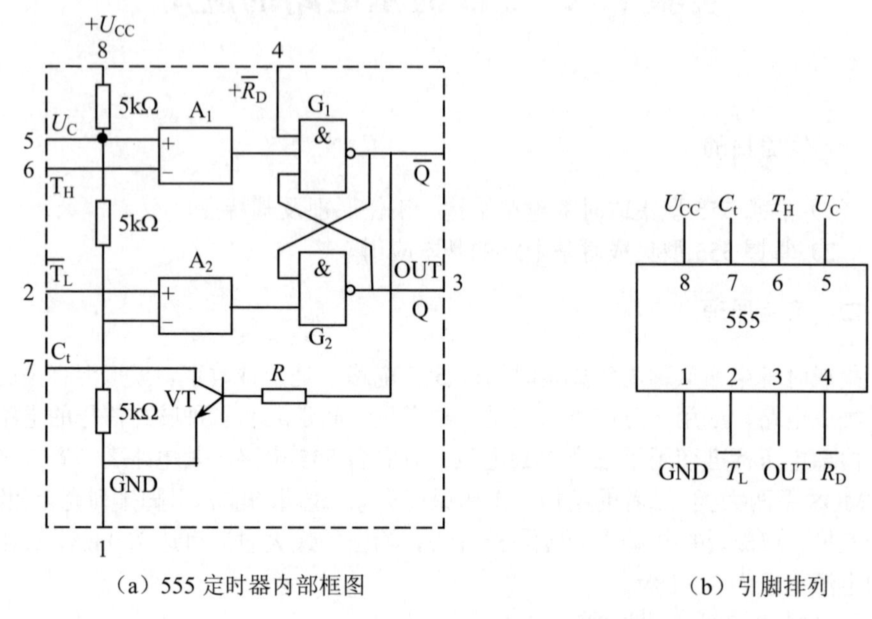

（a）555 定时器内部框图　　（b）引脚排列

图 18-1　555 定时器内部框图及引脚排列

VT 为放电管，当 VT 导通时，将给接于 7 脚的电容器提供低阻放电通路。

555 定时器主要是与电阻、电容构成充放电电路，并由两个比较器来检测电容器上的电压，以确定输出电平的高低和放电开关管的通断。这就很方便地构成从微秒到数十分钟的延时电路，可方便地构成单稳态触发器、多谐振荡器、施密特触发器等脉冲产生或波形变换电路。

2. 555 定时器的典型应用

（1）构成单稳态触发器。图 18-2（a）为由 555 定时器和外接定时元件 R、C 构成的单稳态触发器。触发电路由 C_1、R_1、VD 构成，其中 VD 为钳位二极管，稳态时 555 电路输入端处于电源电平，内部放电开关管 VT 导通，输出端 F 输出低电平。当有一个外部负脉冲触发信号经 C_1 加到 2 端，并使 2 端电位瞬时低于 $\frac{1}{3}U_{CC}$，低电平比较器动作，单稳态电路即开始一个暂态过程，电容 C 开始充电，U_C 按指数规律增长。当 U_C 充电到 $\frac{2}{3}U_{CC}$ 时，高电平比较器动作，比较器 A_1 翻转，输出 u_o 从高电平返回低电平，放电开关管 VT 重新导通，电容 C 上的电荷很快经放电开关管放电，暂态结束，恢复稳态，为下个触发脉冲的到来做好准备。波形图如图 18-2（b）所示。

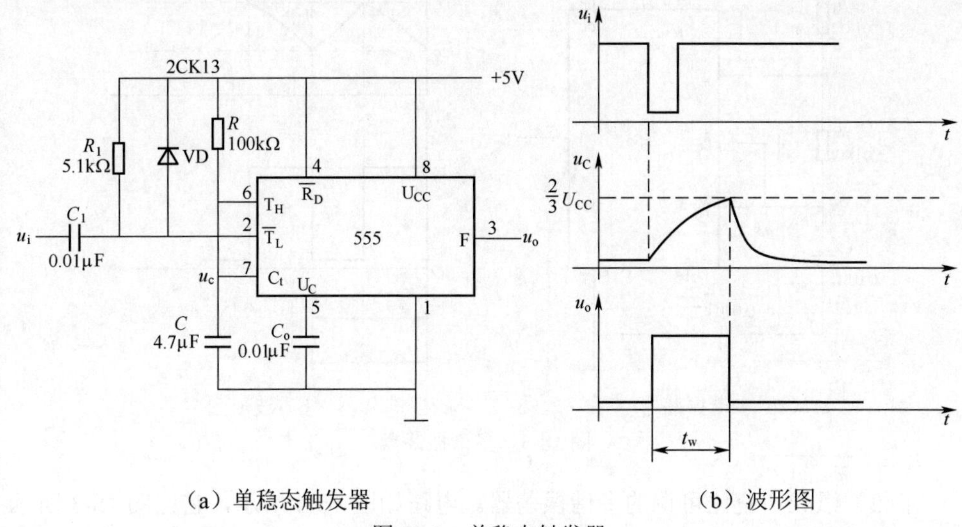

（a）单稳态触发器　　　　　（b）波形图

图 18-2　单稳态触发器

暂稳态的持续时间 t_w（即为延时时间）决定于外接元件 R、C 值的大小，为

$$t_w=1.1RC$$

通过改变 R、C 的大小，可使延时时间在几微秒至几十分钟之间变化。当这种单稳态电路作为计时器时，可直接驱动小型继电器，并可以使用复位端（4 脚）接地的方法来中止暂态，重新计时。此外尚须用一个续流二极管与继电器线圈并接，以防继电器线圈反电势损坏内部功率管。

（2）构成多谐振荡器。如图 18-3（a）所示，由 555 定时器和外接元件 R_1、R_2、C 构成多谐振荡器，2 脚与 6 脚直接相连。电路没有稳态，仅存在两个暂稳态，电路亦不需要外加触发信号，利用电源通过 R_1、R_2 向 C 充电，以及 C 通过 R_2 向放电端 C_t 放电，使电路产生振荡。电容 C 在 $\frac{1}{3}U_{CC}$ 和 $\frac{2}{3}U_{CC}$ 之间充电和放电，其波形如图 18-3（b）所示。输出信号的时间参数为

$$T=t_{w1}+t_{w2}，\ t_{w1}=0.7(R_1+R_2)C，\ t_{w2}=0.7R_2C$$

555 电路要求 R_1 与 R_2 均应大于或等于 1kΩ，但(R_1+R_2)应小于或等于 3.3MΩ。

外部元件的稳定性决定了多谐振荡器的稳定性，555 定时器配以少量的元件即可获得较高精度的振荡频率，并具有较强的功率输出能力，因此这种形式的多谐振荡器应用很广。

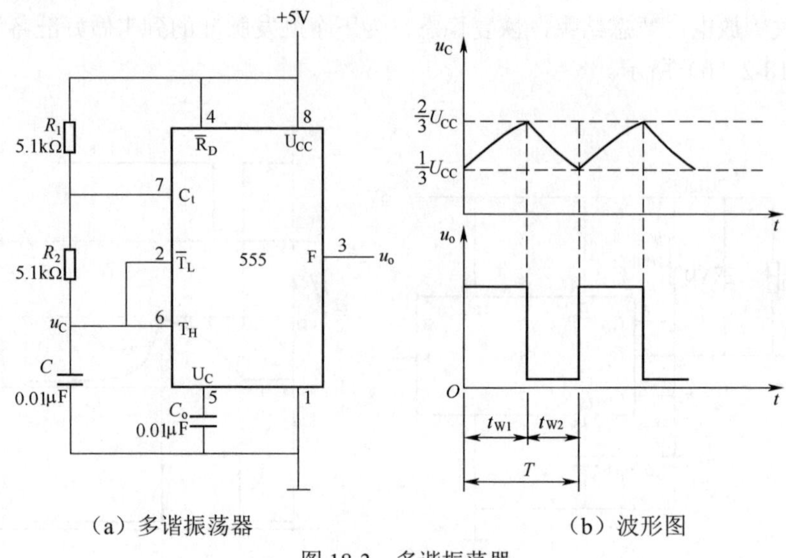

（a）多谐振荡器　　（b）波形图

图 18-3　多谐振荡器

（3）组成占空比可调的多谐振荡器。电路如图 18-4 所示，它比图 18-3 所示电路增加了一个电位器和两个导引二极管。VD_1、VD_2 用来决定电容充、放电电流流经电阻的途径（充电时 VD_1 导通，VD_2 截止；放电时 VD_2 导通，VD_1 截止），占空比为

$$P=\frac{t_{w1}}{t_{w1}+t_{w2}}\approx\frac{0.7R_A C}{0.7C(R_A+R_B)}=\frac{R_A}{R_A+R_B}$$

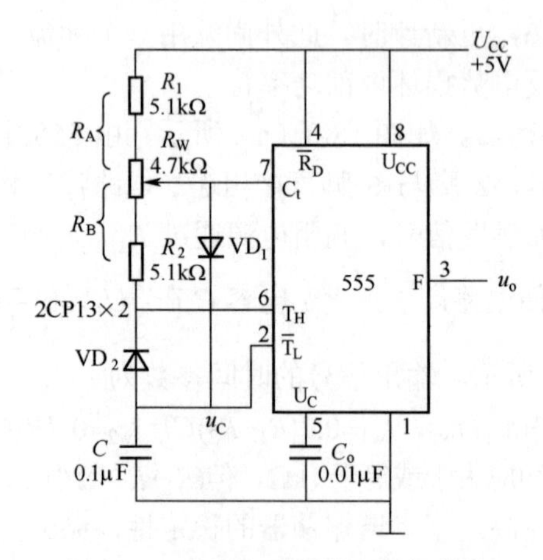

图 18-4　占空比可调的多谐振荡器

可见，若取 $R_A=R_B$，电路即可输出占空比为 50%的方波信号。

（4）组成占空比连续可调并能调节振荡频率的多谐振荡器。电路如图 18-5 所示，对 C_1 充电时，充电电流通过 R_1、VD_1、R_{W2} 和 R_{W1}；放电时通过 R_{W1}、R_{W2}、VD_2、R_2。当 $R_1=R_2$、R_{W2} 调至中心点时，因充放电时间基本相等，其占空比约为 50%，此时调节 R_{W1} 仅改变频率，占空比不变。如 R_{W2} 调至偏离中心点，再调节 R_{W1}，不仅振荡频率改变，对占空比也有影响。R_{W1} 不变，调节 R_{W2}，仅改变占空比，对频率无影响。因此，当接通电源后，应首先调节 R_{W1} 使频率至规定值，再调节 R_{W2}，以获得需要的占空比。若频率调节的范围比较大，还可以用波段开关改变 C_1 的值。

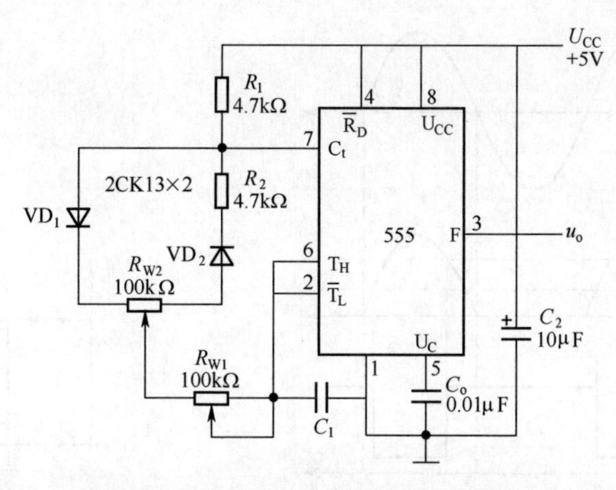

图 18-5　占空比与频率均可调的多谐振荡器

（5）组成施密特触发器。电路如图 18-6 所示，只要将 2、6 脚连在一起作为信号输入端，即得到施密特触发器。图 18-7 为 u_s、u_i 和 u_o 的波形图。

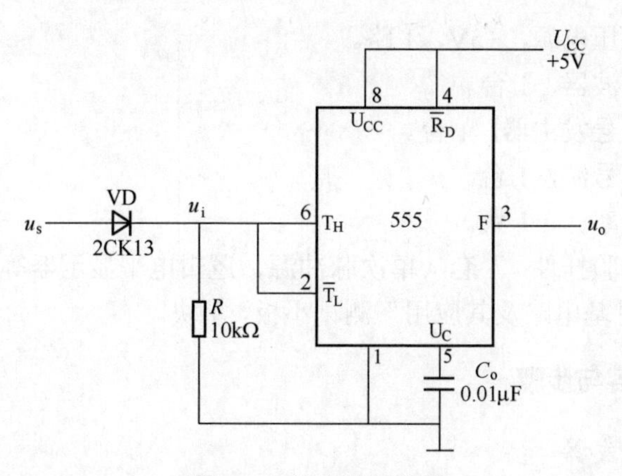

图 18-6　施密特触发器

设被整形变换的电压为正弦波 u_s，其正半波通过二极管 VD 同时加到 555 定时器的 2 脚和 6 脚，得 u_i 为半波整流波形。当 u_i 上升到 $\frac{2}{3}U_{CC}$ 时，u_o 从高电平翻转为低电平；当 u_i 下降到 $\frac{1}{3}U_{CC}$ 时，u_o 又从低电平翻转为高电平。电路的电压传输特性曲线如图 18-8 所示。

回差电压 $\Delta U=\frac{2}{3}U_{CC}-\frac{1}{3}U_{CC}=\frac{1}{3}U_{CC}$。

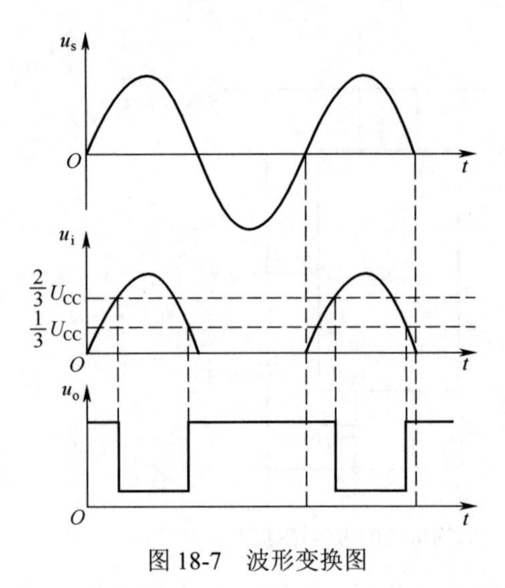

图 18-7 波形变换图

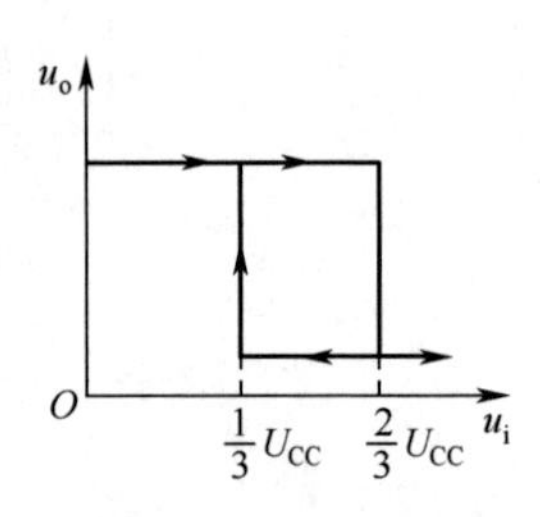

图 18-8 电压传输特性

三、实验设备

（1）直流稳压电源，+5V，1 路。
（2）双踪示波器，1 台。
（3）函数信号发生器，1 台。
（4）音频信号源，1 台。
（5）数字频率计，1 块。
（6）数电实验挂件，1 套（单次脉冲源、逻辑电平显示器等）。
（7）“555 时基电路及其应用”测试小板，1 块。

四、实验内容与步骤

1. 单稳态触发器

（1）按图 18-2 连线，取 R=100kΩ、C=47μF，输入信号 u_i 由单次脉冲源提供，

用双踪示波器观测 u_i、u_C、u_o 波形，测定幅度与暂稳时间。

（2）将 R 改为 1kΩ，C 改为 0.1μF，输入端加 1kHz 的连续脉冲，观测 u_i、u_C、u_o，测定幅度及暂稳时间。

2. 多谐振荡器

（1）按图 18-3 接线，用双踪示波器观测 u_C 与 u_o 的波形，测定频率。

（2）按图 18-4 接线，组成占空比为 50%的方波信号发生器，观测 u_C、u_o 波形，测定波形参数。

（3）按图 18-5 接线，通过调节 R_{W1} 和 R_{W2} 来观测输出波形。

3. 施密特触发器

按图 18-6 接线，输入信号由音频信号源提供，预先调好 u_s 的频率为 1kHz，接通电源，逐渐加大 u_s 的幅度，观测输出波形，测绘电压传输特性，算出回差电压ΔU。

*4. 模拟声响电路

按图 18-9 接线，组成两个多谐振荡器，调节定时元件，使 I 输出较低频率，II 输出较高频率。连好线，接通电源，试听音响效果。调换外接阻容元件，再试听音响效果。

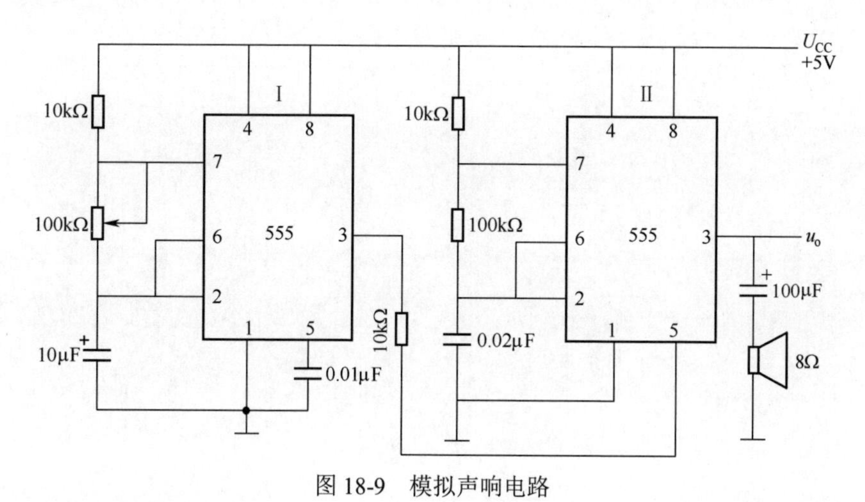

图 18-9　模拟声响电路

五、预习要求

（1）复习有关 555 定时器的工作原理及其应用。

（2）拟定实验中所需的数据、表格等。

（3）拟定各次实验的步骤和方法，给出并熟悉引脚排列图。

六、注意事项

（1）注意每个芯片管脚要一一对应。

（2）芯片的电源必须要连接上。

七、思考题

如何用示波器测定施密特触发器的电压传输特性曲线？

八、实验报告要求

（1）绘出详细的实验线路图，定量绘出观测到的波形。

（2）分析、总结实验结果。

实验十九　智力竞赛抢答装置

一、实验目的

（1）学习数字电路中 D 触发器、分频电路、多谐振荡器、CP 时钟脉冲源等单元电路的综合运用。

（2）熟悉智力竞赛抢答器的工作原理。

（3）了解简单数字系统实验、调试及故障排除方法。

二、实验原理

图 19-1 为供四人用的智力竞赛抢答装置原理图，用以判断抢答优先权。图中 F_1 为四 D 触发器 74LS175，它具有公共置 0 端和公共 CP 端，F_2 为双 4 输入与非门 74LS20，F_3 是由 74LS00 组成的多谐振荡器，F_4 是由 74LS74 组成的四分频电路，F_3、F_4 组成抢答电路中的 CP 时钟脉冲源。抢答开始时，由主持人清除信号，按下复位开关 S，74LS175 的输出 Q_1～Q_4 全为 0，所有发光二极管 LED 均熄灭，当主持人宣布“抢答开始”后，首先作出判断的参赛者立即按下开关，对应的发光二极管点亮，同时，通过与非门 F_2 送出信号锁住其余三个抢答者的电路，不再接受其他信号，直到主持人再次清除信号为止。

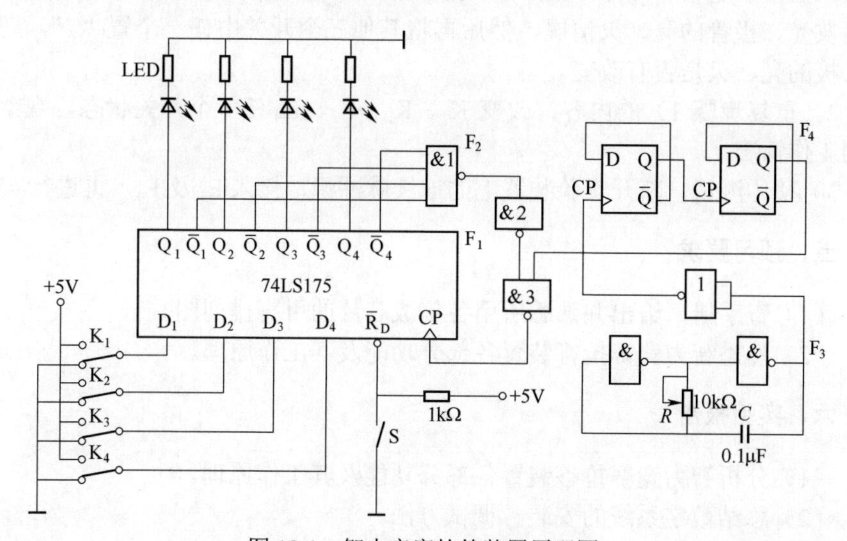

图 19-1　智力竞赛抢答装置原理图

三、实验设备与器件

（1）直流稳压电源，+5V，1 路。
（2）双踪示波器，1 台。
（3）直流数字电压表，1 块。
（4）数字频率计，1 块。
（5）数字电路实验挂件，1 套（逻辑电平开关、逻辑电平显示器、脉冲源等）。
（6）实验用集成模块 74LS175、74LS74、74LS20、74LS00 各 1 片。

四、实验内容与步骤

（1）测试各触发器及各逻辑门的逻辑功能。测试方法参照实验十六中的有关内容，判断器件的好坏。

（2）按图 19-1 接线，抢答器五个开关接实验装置上的逻辑开关、发光二极管接逻辑电平显示器。

（3）断开抢答器电路中的 CP 脉冲源电路，单独对多谐振荡器 F_3 及分频器 F_4 进行调试，调整多谐振荡器中的 10kΩ电位器，使其输出脉冲频率约 4kHz，观察 F_3 及 F_4 的输出波形，测试其频率。

（4）测试抢答器电路功能。接通+5V 电源，CP 端接实验装置上连续脉冲源，取重复频率约 1kHz。

1）抢答开始前，开关 K_1、K_2、K_3、K_4 均置“0”，准备抢答，将开关 S 置“0”，发光二极管全熄灭，再将 S 置“1”。抢答开始，K_1、K_2、K_3、K_4 某一开关置“1”，观察发光二极管的亮、灭情况，然后再将其他三个开关中任一个置“1”，观察发光二极的亮、灭是否有改变。

2）重复步骤 1）的内容，改变 K_1、K_2、K_3、K_4 任一个开关状态，观察抢答器的工作情况。

3）整体测试，断开实验装置上的连续脉冲源，接入 F_3 及 F_4，再进行实验。

五、预习要求

（1）查手册，给出并熟悉所用各集成芯片的引脚排列图。
（2）熟悉智力竞赛抢答装置各部分功能及其工作原理。

六、实验报告

（1）分析智力竞赛抢答装置各部分功能及其工作原理。
（2）总结数字系统的安装、调试方法。
（3）分析实验中出现的故障及解决办法。

实验二十　电子秒表

一、实验目的

（1）学习数字电路中 JK 触发器、时钟发生器及计数译码显示器等单元电路的综合应用。

（2）学习电子秒表的调试方法。

二、实验原理

图 20-1 为电子秒表的电路原理图，按其功能分成三个单元电路进行分析。

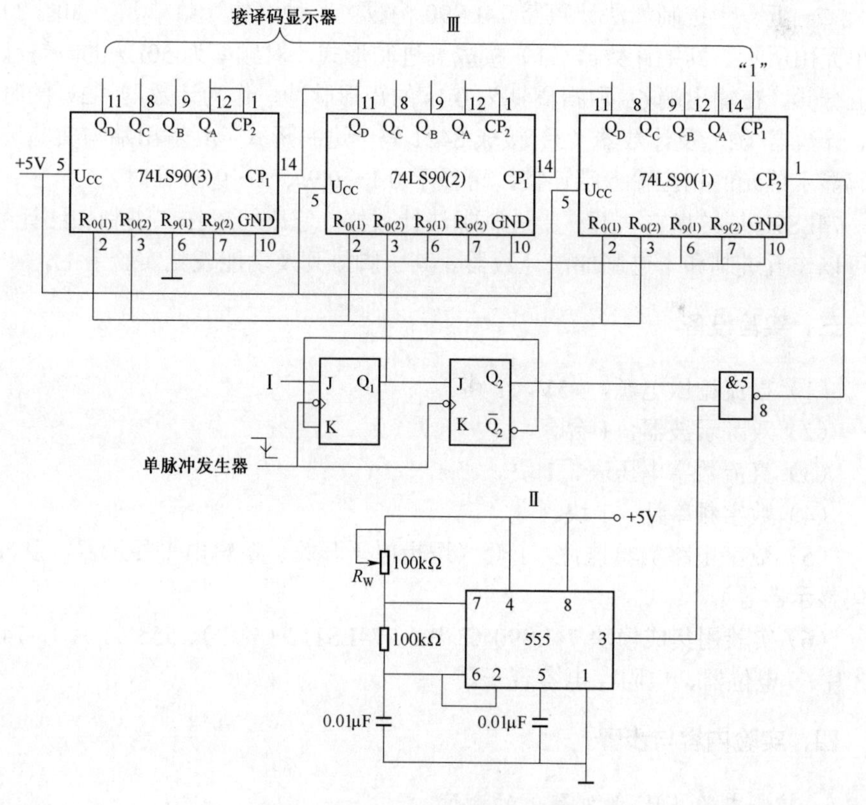

图 20-1　电子秒表电路原理图

1. 控制电路

图 20-1 中单元Ⅰ为用集成 JK 触发器组成的控制电路，为三进制计数器，其中 00 状态为电子秒表保持状态，01 状态为电子秒表清零状态，10 状态为电子秒表计数状态。JK 触发器在电子秒表中的职能是为计数器提供清零信号和计数信号。

注意：在调试时要先对 JK 触发器清零。

2. 时钟发生器

图 20-1 中单元Ⅱ为用 555 定时器构成的多谐振荡器，是一种性能较好的时钟源。

调节电位器 R_W，使其在输出端 3 处获得频率为 50Hz 的矩形波信号，当 JK 触发器的 Q_2=1 时，与非门 5 开启，此时 50Hz 脉冲信号通过与非门 5 作为计数脉冲加于计数器（1）的 CP_2 计数输入端。

3. 计数及译码显示电路

二－五－十进制加法计数器 74LS90 构成电子秒表的计数单元，如图 20-1 中的单元Ⅲ所示。其中计数器（1）接成五进制形式，对频率为 50Hz 的时钟脉冲进行五分频，在输出端 Q_D 取得周期为 0.1s 的矩形脉冲，作为计数器（2）的时钟输入。计数器（2）及计数器（3）接成 8421 码十进制形式，其输出端与实验装置上译码显示单元的相应输入端连接，可显示 0.1～0.9s、1～9.9s 计时。

74LS90 是异步二－五－十进制加法计数器，它既可以作二进制加法计数器，又可以作五进制和十进制加法计数器。其引脚排列及功能表见实验十七。

三、实验设备

（1）直流稳压电源，+5V，1 路。

（2）双踪示波器，1 台。

（3）直流数字电压表，1 块。

（4）数字频率计，1 块。

（5）数字电路实验挂件，1 套（逻辑电平开关、逻辑电平显示器、脉冲源、译码显示器等）。

（6）实验用集成模块 74LS90（3 片）、74LS112（1 片）、555（1 片）、74LS00（2 片）、电位器、电阻、电容若干。

四、实验内容与步骤

1. 控制电路（JK 触发器）的测试

（1）按图 20-1 中单元Ⅰ接线，74LS112 的引脚排列及功能表见实验十六。

（2）加三个单脉冲，看是否完成00-01-10的三个有效状态的一次循环。

2. 时钟发生器的测试

（1）按图20-1中单元Ⅱ接线，555的引脚排列及功能表见实验十八。

（2）测试方法参考实验十八，用示波器观察输出电压波形，并测量其频率，调节R_W，使输出矩形波频率为50Hz。

3. 计数器的测试

（1）计数器（1）接成五进制形式，$R_{0(1)}$、$R_{0(2)}$、$R_{9(1)}$、$R_{9(2)}$接逻辑开关输出插口，CP_2接单次脉冲源，CP_1接高电平1，Q_D～Q_A接实验设备上译码显示输入端D、C、B、A，按表17-2测试其逻辑功能，记录之。

（2）计数器（2）及计数器（3）接成8421码十进制形式，同步骤（1）进行逻辑功能测试，记录之。

（3）将计数器（1）、（2）、（3）级联，进行逻辑功能测试，记录之。

4. 电子秒表的整体测试

（1）各单元电路测试正常后，按图20-1把几个单元电路连接起来，进行电子秒表的总体测试。

（2）加三个单脉冲，观察是否工作在三个有效循环状态（清零、计数、停止）。

注意：三个有效循环状态的顺序不能错。

5. 电子秒表准确度的测试

利用电子钟或手表的秒计时对电子秒表进行校准。

五、预习报告

（1）复习数字电路中的JK触发器、时钟发生器及计数器等部分内容。

（2）除了本实验中所采用的时钟源外，选用另外两种不同类型的时钟源，可供本实验用。画出电路图，选取元器件。

（3）列出电子秒表单元电路的测试表格。

（4）列出调试电子秒表的步骤。

六、注意事项

（1）由于实验电路中使用器件较多，实验前必须合理安排各器件在实验装置上的位置，使电路逻辑清楚，接线较短。

（2）实验时，应按照实验任务的次序，将各单元电路逐个进行接线和调试，即分别测试JK触发器、时钟发生器及计数器的逻辑功能，待各单元电路工作正常后，再将有关电路逐级连接起来进行测试，直到测试电子秒表整个电路的功能。这样的测试方法有利于检查和排除故障，保证实验顺利进行。

七、实验报告

（1）总结电子秒表整个调试过程。

（2）分析调试中发现的问题及故障排除方法。

实验二十一　直流电路的仿真实验

一、实验目的

（1）掌握 Multisim 仿真实验环境的使用方法，能够完成从元件库栏选取所需的元件、拖拽到工作区，参数设定、设定元器件的数值、标签和编号，再用导线把它们联成所需的电路并利用显示图表命令观察仿真结果等操作。

（2）用仿真数据验证基尔霍夫的正确性，加深对基尔霍夫定律的理解。

（3）用仿真数据验证电路中电位的相对性和电压的绝对性。

二、实验原理

1．Multisim 简介

Multisim 是一个完整的设计工具系统，提供了一个非常大的元件数据库，并提供原理图输入接口、全部的数模 Spice 仿真功能、VHDL/Verilog 设计接口与仿真功能、FPGA/CPLD 综合、RF 设计能力和后处理功能，还可以进行从原理图到 PCB 布线工具包（如：Electronics Worbench 的 Ultiboard）的无缝隙数据传输。

2．Multisim 使用基本元素

Multisim 用户界面包括如下基本元素：系统工具栏（System Toolbar）包含常用的基本功能按钮；设计工具栏（Multisim Design Bar）是 Multisim 的一个完整部分；元件工具栏（Component Toolbar）包含元件箱按钮（Parts Bin），单击它可以打开元件族工具栏（此工具栏中包含每一元件族中所含的元件按钮，以元件符号区分）；数据库选择器（Database Selector）允许确定哪一层次的数据库以元件工具栏的形式显示；状态条（Status Line）显示有关当前操作以及鼠标所指条目的有用信息。

3．用 Multisim 建立仿真文件基本步骤

（1）建立电路文件。打开 Multisim 时会自动打开空白电路文件 circuit，保存时可以重新命名并选择保存路径，如图 21-1 所示。

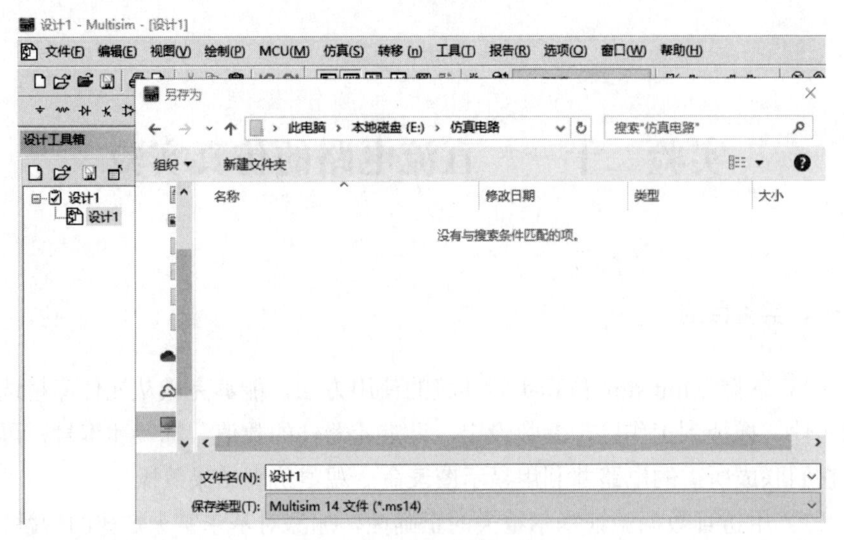

图 21-1 建立电路文件

（2）放置元器件和仪表。

1）先放置电源，如图 21-2 所示。

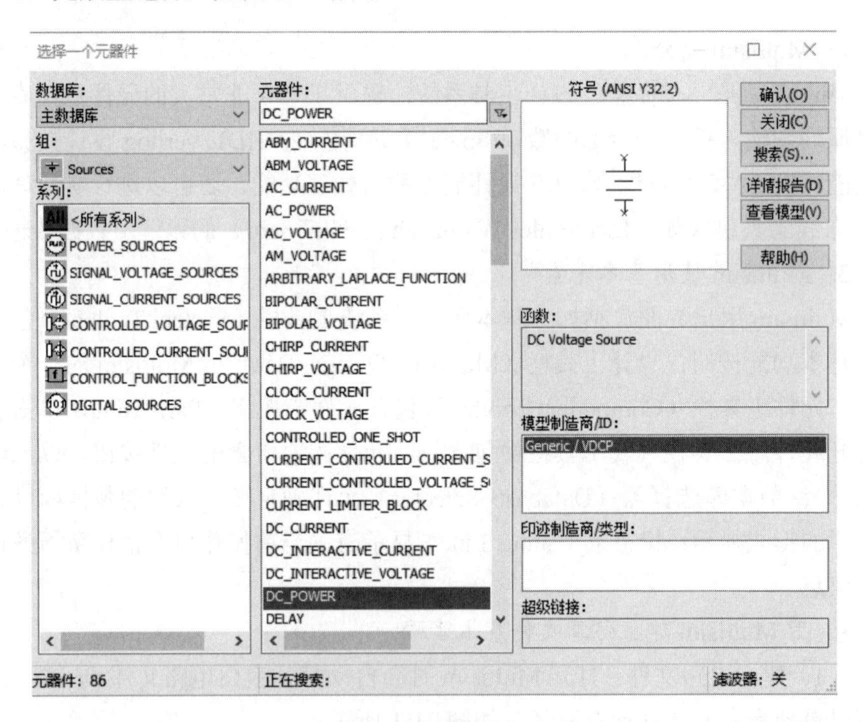

图 21-2 放置电源

2）放置元器件。如放置运算放大器，如图 21-3 所示；放置电阻，如图 21-4 所示。

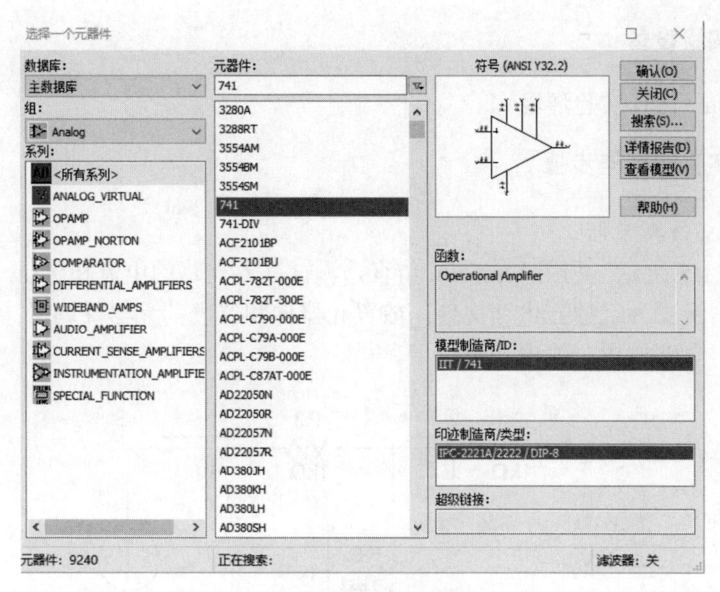

图 21-3　放置元器件

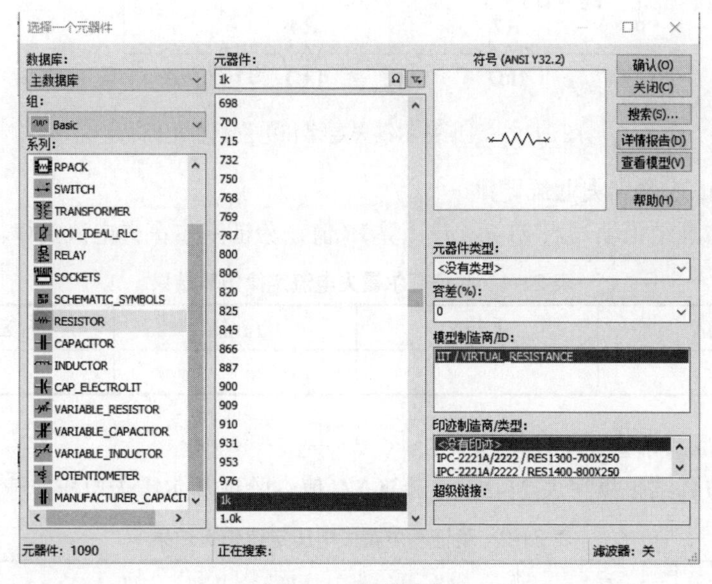

图 21-4　放置电阻

3）放置万用表。单击“仿真”—“仪器”—“万用表”，或者单击按钮。

4）在需要放置“地”的地方放置“地”，在需要放置标号的地方放置标号。

（3）单击仿真运行键，然后点开万用表观察结果。

三、实验设备

Multisim 仿真实验环境。

四、实验内容与步骤

1. 建立仿真文件

按图 21-5 所示，利用 Multisim 仿真，测试其各支路的电流和电压。Multisim 仿真的基本步骤为：建立电路文件；放置元器件和仪表；元器件编辑；连线和进一步调整；电路放置；输出分析结果。

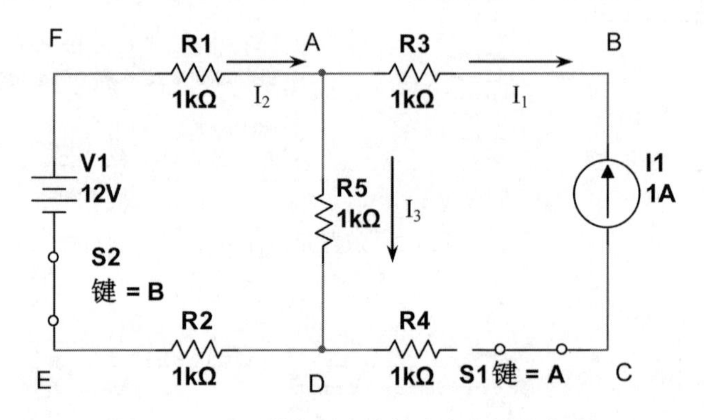

图 21-5 验证基尔霍夫定律和电位测量电路

2. 验证基尔霍夫电流定律

根据仿真结果填写表 21-1，并计算 ΣI 值，验证基尔霍夫电流定律。

表 21-1 验证基尔霍夫电流定律仿真结果

I_1/mA	I_2/mA	I_3/mA	ΣI

3. 验证基尔霍夫电压定律

根据仿真结果填写表 21-2，并计算 ΣU 值，验证基尔霍夫电压定律。

表 21-2 验证基尔霍夫电压定律仿真结果

回路 ADEF	U_{AD}	U_{DE}	U_{EF}	U_{FD}	ΣU

4. 电位的测量

根据仿真结果填写表 21-3，并用测量值完成表中计算。

表 21-3 不同参考点的电压仿真结果

电位参考点	仿真结果						计算值	
	U_A	U_B	U_C	U_D	U_E	U_F	U_{AD}	U_{DE}
A								
D								

5. 比较分析

按上述方法，对实验一中图 1-1 的电路进行仿真实验，完成相应的测量，对比分析实验结果。

五、预习要求

（1）写出基尔霍夫定律的基本内容。

（2）写出电位和电压测量的基本方法。

（3）提前安装和熟悉 Multisim 软件。

六、思考题

（1）根据实验数据表格，进行分析、比较，归纳、总结实验结论，即验证基尔霍夫定律的正确性，说明虚拟仿真的准确性、优缺点。

（2）各电阻器所消耗的功率能否用叠加原理计算得出？试用上述仿真数据，进行计算并得出结论。

（3）可否用于其他电路的仿真分析。

七、实验报告要求

（1）根据实验数据，验证 KCL 和 KVL 的正确性。

（2）总结电位相对性和电压绝对性的结论。

（3）写出仿真实验的步骤，并说明虚拟仿真的准确性、优缺点。

实验二十二　差分比例放大电路的仿真实验

一、实验目的

（1）掌握 Multisim 仿真实验环境的使用方法，能够完成从元件库栏选取所需的元件、拖拽到工作区，参数设定、设定元器件的数值、标签和编号，再用导线把它们联成所需的电路并利用显示图表命令观察仿真结果等操作。

（2）用仿真数据验证差分输入比例运算电路的原理。

二、实验原理

差分比例放大电路，如图 22-1 所示，它的输入信号是从集成运放的反相和同相输入端引入，如果反馈电阻 R_F 等于输入端电阻 R_1，则输出电压为同相输入电压减反相输入电压，这种电路也称作减法电路。

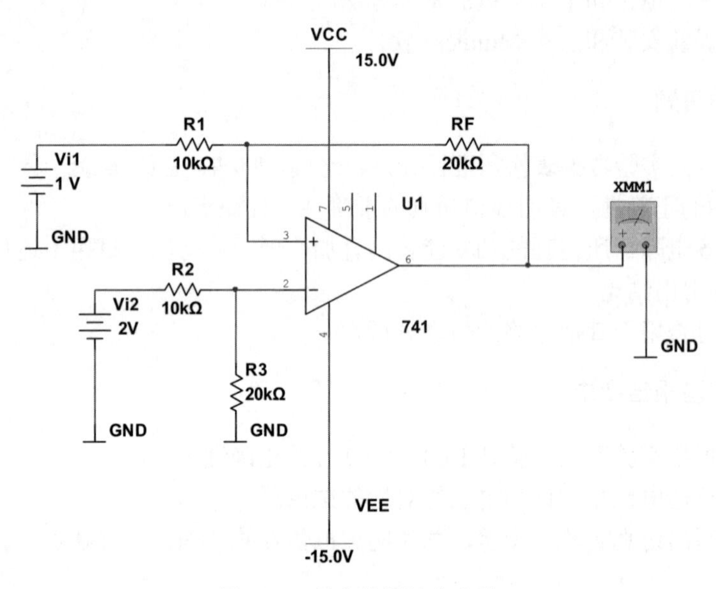

图 22-1　差分比例放大电路

根据运放的虚短虚断原则，有

$$\frac{u_{i1}-u_N}{R_1}=\frac{u_N-u_o}{R_f}$$

$$\frac{u_{i2}-u_{P}}{R_2}=\frac{u_{P}}{R_3}$$

$\therefore$
$$u_{o}=\left(\frac{R_1+R_f}{R_1}\right)\left(\frac{R_3}{R_2+R_3}\right)u_{i2}-\frac{R_f}{R_1}u_{i1}$$

当 $R_1=R_2=R_3=R_f$，则上式可写为

$$u_{o}=u_{i2}-u_{i1}$$

三、实验设备

Multisim 仿真实验环境。

四、实验内容与步骤

（1）在 Multisim 用户界面中，如图 22-2 所示，完成图 22-1 所示原理图的绘制，基本方法见实验二十一。

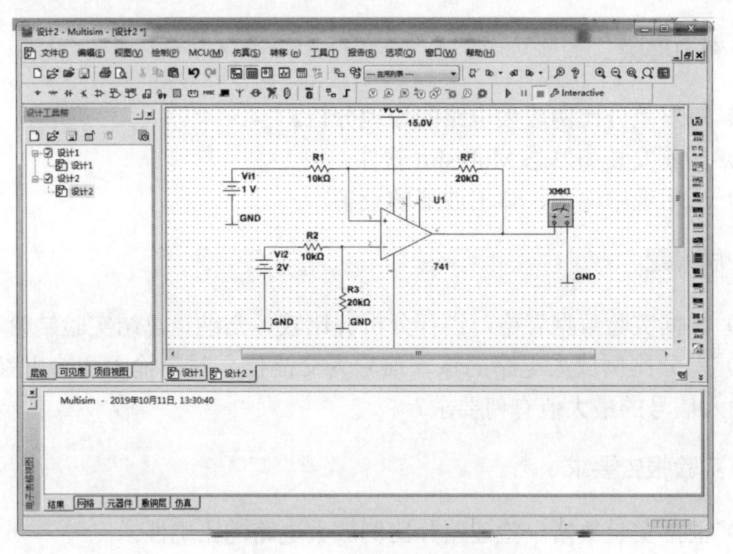

图 22-2　Multisim 用户界面

（2）单击仿真运行键，然后点开万用表记录仿真结果，如图 22-3 所示。

（3）自行设计表格，改变 R_1、R_2、R_3、R_F 数值时，记下输出电压。

（4）自行设计表格，改变 V_{i1} 和 V_{i2} 数值时，记下输出电压。

（5）自行设计表格，将 V_{i1} 和 V_{i2} 改成交流信号源，记下输入电压和输出电压的参数以及波形。

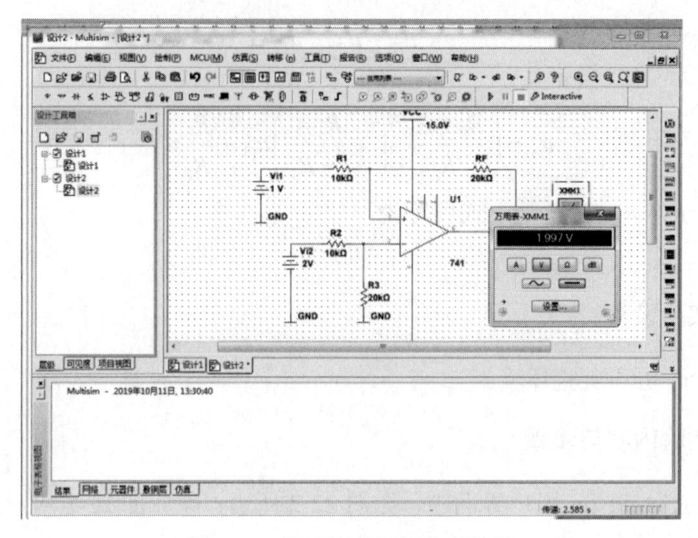

图 22-3 用万用表记录仿真结果

五、预习要求

（1）写出差分比例放大电路的原理分析。

（2）提前安装和熟悉 Multisim 软件。

（3）选用观察输入、输出波形的设备。

六、思考题

（1）根据实验数据表格，进行分析、比较，归纳、总结实验结论。

（2）差分比例放大电路的输入信号为交流信号时，输入和输出参数有何关系？对输入信号的最大值有何要求？

七、实验报告要求

（1）根据实验数据，验证差分比例放大电路的正确性。

（2）总结差分比例放大电路的特点。

（3）写出仿真实验的步骤。

参考文献

[1] 秦曾煌．电工学[M]．6 版．北京：高等教育出版社，2003．

[2] 邱关源．电路[M]．5 版．北京：高等教育出版社，2006．

[3] 康华光．电子技术基础[M]．5 版．北京：高等教育出版社，2006．

[4] 蔡灏．电工与电子技术实验指导书[M]．北京：中国电力出版社，2005．

[5] 张海南．电工技术与电子技术实验指导书[M]．西安：西北工业大学出版社，2007．

[6] 刘红，魏秉国．电工电子技术实验指导[M]．郑州：河南教育出版社，2007．

[7] 苑尚尊．电工与电子技术基础[M]．2 版．北京：中国水利水电出版社，2014．

[8] 任国燕，周红军．电子技术实验汉英双语教程[M]．北京：冶金工业出版社，2018．

[9] 天科实验装置提供的内部资料．

附录 A　TKDG-2 型电工电子实验装置简介

一、概述

电工实验装置是根据目前“电工电子技术”教学大纲和实验大纲的要求，广泛吸收各高等院校从事该课程教学和实验教学教师的建议，并综合了国内各类实验装置的特点而设计的最新产品。全套设备能满足各类学校“电工学”“电工电子技术”课程的实验要求。

本装置是由实验屏、实验桌和若干实验组件挂箱等组成，如图 A-1 所示。

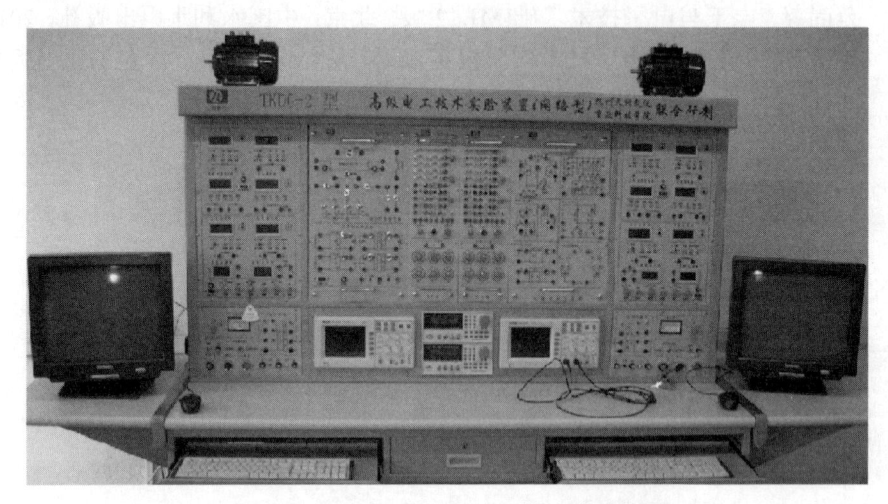

图 A-1　TKDG-2 型高级电工技术实验装置

二、实验屏操作和使用说明

实验屏为铁质喷塑结构，铝质面板。屏上主面板固定装置有交直流电源的起动控制装置，三相交流电源电压指示切换装置，低压直流稳压电源、恒流源、0～500V 交流电压表、智能函数信号发生器、定时器兼报警记录仪、长条板装有交流电压表、交流电流表、直流电压表、直流电流表和受控源等。

1. *交流电源的启动*

（1）实验屏的左后侧有一根接有三相四芯插头的电源线。先在电源线下方的接线柱上接好机壳的接地线，然后将三相四芯插头接通三相四芯 380V 交流市电。开启空气开关，屏左侧的三相四芯插座即可输出三相 380V 交流电。必要时此插座上可插另一实验装置的电源线插头。但请注意，连同本装置在内，串接的实验装置不能多于三台。

（2）将实验屏左侧面的三相自耦调压器的手柄调至零位，即逆时针旋到底。

（3）将“电压指示切换”开关置于“三相电网输入”侧。

（4）开启钥匙式电源总开关，“停止”按钮灯亮（红色），三块电压表（0～450V），指示出输入三相电源线电压之值，此时，实验屏左侧面单相二芯 220V 电源插座和右侧面的单相三芯 220V 处均有相应的交流电压输出。

（5）按下“启动”按钮（绿色），红色按钮灯灭，绿色按钮灯亮，同时可听到屏内交流接触器的瞬间吸合声，面板上与 U1、V1 和 W1 相对应的黄、绿、红三个 LED 指示灯亮。至此，实验屏启动完毕。

2. 三相可调交流电源输出电压的调节（控制屏如图 A-2 所示）

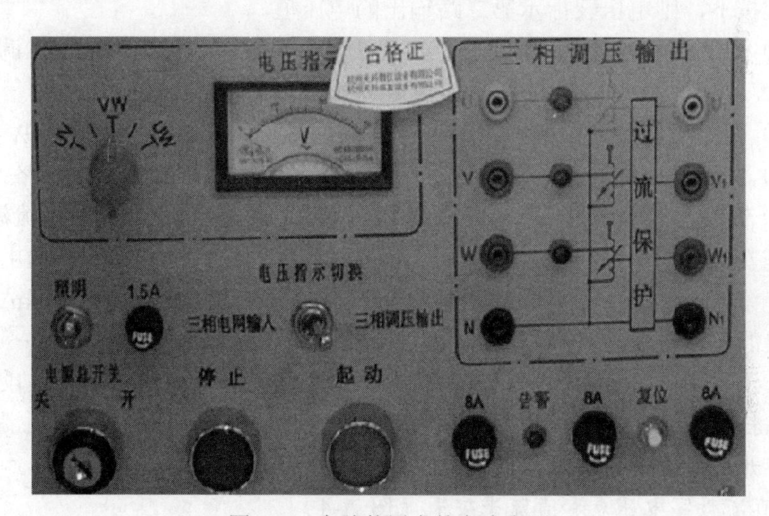

图 A-2　实验装置中的交流电源

（1）将三相“电源指示切换”开关置于右侧（三相调压输出），电压表指针回到零位。

（2）按顺时针方向缓慢旋转三相自耦调压器的手柄，三块电压表将随之偏转，即指示出屏上三相可调电压输出端 U、V、W 两两之间的线电压的值，直至调节到实验所需的电压值。实验完毕，将旋柄调回零位。并将“电压指示切换”开关拨至左侧。

3. 低压直流稳压、恒流电源输出与调节（控制屏如图 A-3 所示）

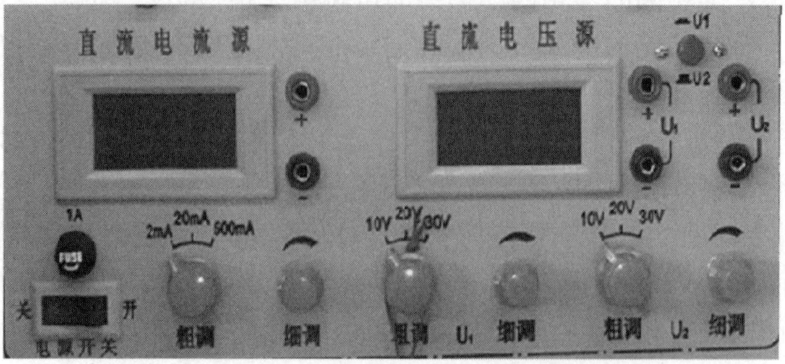

图 A-3 实验装置中的直流电源

开启直流稳压电源带灯开关，两路输出插孔均有电压输出。

（1）将“电压指示切换”按键弹起，数字式电压表指示第一路输出的电压值；将此按键按下，则电压表指示第二路输出的电压值。

（2）调节“输出调节”细调电位器旋钮可平滑地调节输出电压值。调节范围为 0～10V、10～20V、20～30V（切换粗调开关），额定电流为 1A。

（3）两路稳压源既可单独使用，也可组合构成 0～±30V 或 0～+60V 电源。

（4）两路输出均设有短路软截止保护功能，但应尽量避免输出短路。

（5）恒流源的输出与调节：将负载接至“恒流输出”两端，开启恒流源开关，数字式毫安表即指示输出电流之值。调节“输出粗调”转换开关和“输出细调”电位器旋钮，可在三个量程段（满度为 0～2mA、0～20mA 和 0～500mA）连续调节输出的恒流电流值。本恒流源设有开路保护功能。

操作注意事项：当输出口接有负载时，如果需要将“输出粗调”波段开关从低挡向高挡切换，则应将输出“细调旋钮”调至最低（逆时针旋到头），再拨动“输出粗调”开关，否则会使输出电压或电流突增，可能导致负载器件损坏。

4. 直流数字电压表和直流毫安表（图 A-4）

（1）直流数字电压表：量程分 2V、20V、200V 三挡，有手动和自动量程，当处于手动量程时，需按相应按钮切换量程。当处于自动挡位时，仪表自动调整量程。被测电压信号应并联接在“0～200V 输入”的“+”“−”两个插孔处。使用时要注意选择合适的量程，否则若被测电压值超过所选择挡位的极限值，则该仪表告警指示灯亮，控制屏内蜂鸣器发出告警信号，重新选择量程或测量值时恢复正常工作。

注意：每次使用完毕，要置于最大量程挡，即 200V 挡。

（2）直流毫安表：结构特点类似数字直流电压表，只是这里的测量对象是电流，即仪表“0～2000mA 输入”的“+”“−”两个输入端应串接在被测电路中；量程分20mA、200mA、2000mA三挡，其余同上。

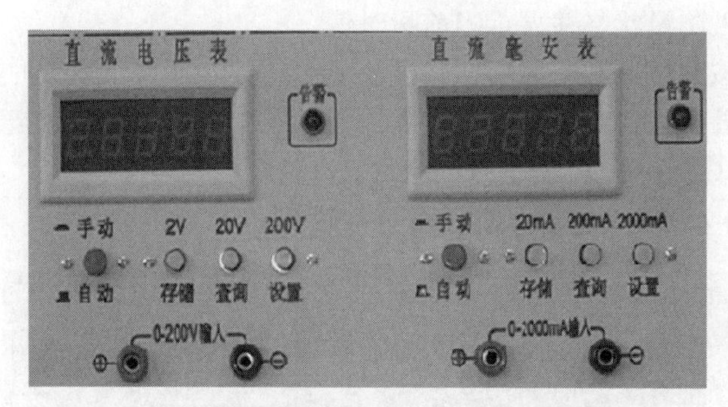

图A-4 实验装置中的直流电压表和直流毫安表

（3）当仪表处于自动量程时，仪表具有存储、查询功能，但掉电不保存。

5. 交流电流表和交流电压表（图A-5）

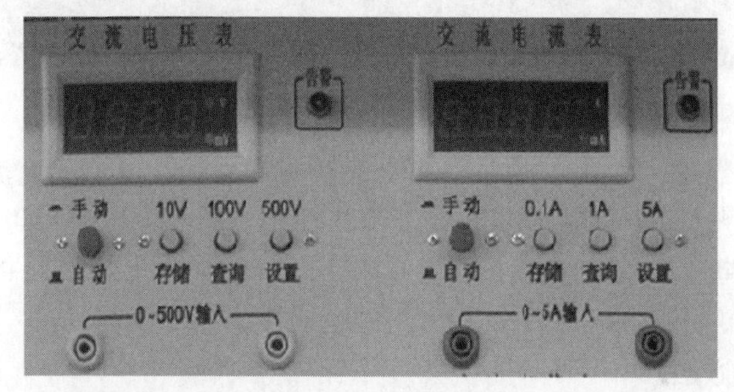

图A-5 实验装置中的交流电压表和交流电流表

（1）交流电流表：能对交流信号进行有效值测量，测量范围为0～5A，量程自动判断、自动切换，精度为0.5级，四位数码显示。同时能对数据进行存储、查询、修改（共15组，掉电保存）。测量时将被测信号串联接入测量端口。有手动与自动量程，当处于手动量程时，分100mA、1000mA、5A三挡。如果超量程，告警指示灯亮。

（2）交流电压表：结构特点类似数字交流电流表，只是这里的测量对象是电压，测量范围为0～500V，分三挡，即10V、100V、500V。测量时将被测信号并接入测量端口。

（3）键盘使用。

存储键：按此键将对当前数据进行存储，当存储成功时回显当前存储位置，约1s，然后进入测量状态并显示当前瞬时值。

查询键：按此键将根据“后进先出”原则，显示所存组数及该组数据，要全部查询，可连续按此键，数码显示器将循环显示所存数据。当用户停止按键约1s后，系统将进入测量状态并显示当前瞬时值。

修改键：按此键，数码显示器将循环显示组数，在显示组数时按存储键，即可将该组数据替换为当前值，然后进入测量状态；在显示组数时按查询键，即可显示该组数据（约1s），然后进入测量状态。

6. 单三相功率、功率因数表（图A-6）

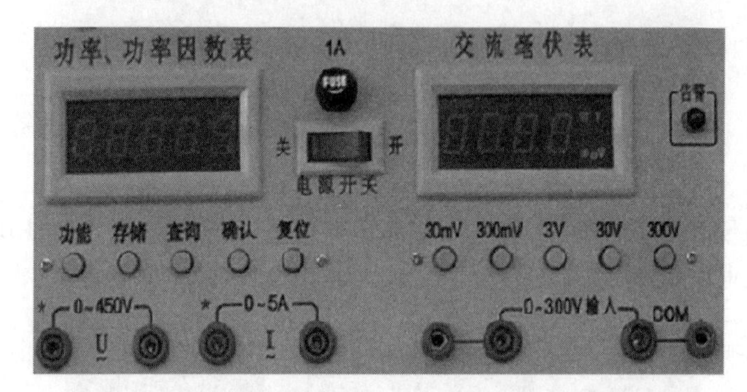

图A-6 实验装置中的功率、功率因数表和交流毫伏表

（1）功率、功率因数表可测量三相交流负载的总功率或单相交流负载的功率、电压、电流；可显示电路的功率因数及负载性质、周期、频率；可记录、存储和查询15组数据等。功率测量精度为1.0级，功率因数测量范围为0.3～1.0，电压电流量程为450V和5A，量程分八挡，自动切换。

（2）使用方法。

1）接通电源，或按“复位”键后，面板上各LED数码管将循环显示“P”，表示测试系统已准备就绪，进入初始状态。

2）面板上有一组键盘，5个按键，在实际测试过程中只用到“复位”“功能”“确认”三个键。

“功能”键：是仪表测试与显示功能的选择键。若连续按动该键7次，则5只LED数码管将显示9种不同的功能指示符号，见表A-1。

表A-1 功能符含义

次数	1	2	3	4	5	6	7	8	9
显示	U	I	P.	COS.	FUC.	CCP.	dA.CO	dSPLA.	PC.
含义	电压	电流	功率	功率因数及负载性质	被测信号频率	被测信号周期	数据记录	数据查询	升级后使用

“确认”键：在选定上述前8个功能之一后，按一下“确认”键，该组显示器将切换显示该功能下的测试结果数据。

“复位”键：在任何状态下，只要按一下此键，系统便恢复到初始状态。

（3）注意事项。

- 在测量过程中，若出现死机，请按“复位”键。
- 必须在测试了一组数据之后，才能用“dA.CO”项作记录。
- 测量过程中显示器显示“COU.”，表示要继续按“功能”键。
- 选择测量功率时，在按“确认”键后，需等显示的数据跳变2次，稳定后再读取数据。
- 测量三相功率用的二表法，总功率显示的是两块功率表的算术和。

7. 交流毫伏表（图A-6）

本系列毫伏表，适用于测量频率为5Hz～2MHz、电压为100μV～300V的正弦波电压有效值。具备自动/手动测量功能，同时显示电压值和dB/dBm值，以及量程和通道状态。挡位分为30mV、300mV、3V、30V、300V共5挡，当被测电压高于量程的10%时，将出现报警和指示等闪烁。当被测电压低于量程的10%时，将出现指示灯交替闪烁，出现上述现象时请更换挡位。

三、实验组件挂箱

1. TKDG-03电路基础实验挂箱（大）

提供基尔霍夫定理/叠加原理、戴维南定理/诺顿定理、双口网络/互易定理、一阶/二阶动态数据、RC串并联选频网络、PLC串联谐振电路。

各实验器件齐全，实验单元分明，实验线路完整清晰，在需要测量电流的支路上均设有电流插座。

2. TKDG-04交流电路实验挂箱（大）

提供单相、三相、变压器、互感器、电度表等实验所需的器件。

灯组负载为三个各自独立的白炽灯组，可连接成Y形或△形两种形式，每个灯组设有三只并联的白炽灯（每个灯组均设有三个开关，控制三个并联支路的通断），可装60W以下的白炽灯9只，各灯组均设有电流插座。50W、36/220V升压变压器，原、副边均设有电流插座；互感器，实验时临时挂上，两个空心线圈L1、L2装在滑动架上，可调节两个线圈间的距离，将小线圈放到大线圈内，并附有大、小铁棒各1根和非导磁铝棒1根；电度表1块，规格为220V、3/6A，实验时临时挂上，其电源线、负载进线均已接在电度表接线架的空心接线柱上，以便接线。

3. TKDG-05 元件挂箱（小）

提供实验所需各种外接元件（如电阻器、发光二极管、稳压管、电容器、电位器及 12V 灯泡等），还提供十进制可变电阻箱，输出阻值为 0～99999.9Ω/1W。

4. TKDG-05-1 日光灯实验电路和受控源电路实验挂箱

提供日光灯、受控源电路等实验所需的器件。日光灯实验器件有 30W 镇流器、4.7μF 电容器、2μF 电容器、启辉器插座、短路按钮各 1 只；受控源电路提供 VCVS、VCCS、CCVS、CCCS 等基本电路模块，可以根据需要进行连接。

5. TKDG-14 继电接触控制箱（一）

提供交流接触器（线圈电压 220V）3 只、热继电器 1 只、时间继电器 1 只、带灯复合按钮 3 只（黄、绿、红各 1 只）、变压器（原边 220V，副边两个绕组分别为 26V 和 6.3V）1 只、桥堆 1 只、25W 功率电阻 1 只。面板上画有器件的外形，并将供电线圈、开关触点等引出，供实验接线用。

四、TKDZ-2 型模电、数电综合实验装置

本挂箱能完成常规的“数电”“模电”所有实验，提供的实验组件有：

（1）±5V（0.5A）、±12V（0.5A）四路直流稳压电源和两路 0～18V 可调的直流稳压电源。

（2）常用仪器仪表，使用方法同上。

（3）模电实验挂件包括三端稳压块 7812、7912、LM317 各 1 只，晶体三极管 3DG6 3 只、3DG12 1 只、3CG12 1 只、3DJ6F 1 只，稳压管 2DW231、2CW54、2CW53 各 1 只，单结晶体管 BT33，单向可控硅 3CT3A，整流桥堆，电容，电位器（1kΩ、10kΩ、100kΩ各 1 只），12V 信号灯，扬声器（0.2W，8Ω），振荡线圈，复位按钮等等。由单独 1 只变压器为实验提供低压交流电源，分别输出 6V、10V、14V 及两路 17V 低压交流电源（50Hz）。

（4）数电实验挂件包括单次脉冲源、三态逻辑笔、四组 BCD 码十进制七段译码器、BCD 码拨码开关 2 位、逻辑电平指示器 8 位、逻辑开关 8 位、高可靠圆脚集成插座（40P 1 只、28P 3 只、14P 3 只、16P 4 只、8P 2 只）。

（5）实验电路测试小板（固定实验单元的线路板）。

另外在元器件实验面板上还设有可装卸固定实验电路测试小板的绿色固定插座 4 只，可选配固定实验单元的线路板。实验连接点、测试点均采用高可靠防转叠式插座，插元件采用接触可靠的镀银长紫铜管。

附录 B　TFG1900B 系列型全数字合成函数波形发生器

TFG1900B 系列函数发生器采用直接数字合成技术（DDS），具有快速完成测量工作所需的高性能指标和功能特性，简单而功能明晰的面板设计和 VFD 荧光显示界面能使您更便于操作和观察。

一、前面板的示意图及其功能

TFG1900B 系列型全数字合成函数波形发生器前面板如图 B-1 所示。面板上有 15 个功能键、12 个数字键、2 个左右方向键以及 1 个手轮。

图 B-1　TFG1900B 系列型全数字合成函数波形发生器前面板

1. 开机

检查仪器后面板上电源插口内保险丝安装无误后，接通电源线，按动前面板左下部的电源开关键，即点亮液晶，按下面板上的电源开关，电源接通，仪器进行初始化，然后装入默认参数，进入连续工作状态，输出正弦波形，显示出信号的频率值和幅度值。

2. 键盘说明

仪器前面板上共有 28 个按键（图 B-1），各个按键的功能如下：

- 0、1、2、3、4、5、6、7、8、9 键：数字输入键。
- .键：小数点输入键。
- -键：负号输入键，在“偏移”选项时输入负号，在其他时候可以循环开启和关闭按键声响。
- <键：光标闪烁位左移键，数字输入时退格删除键。
- >键：光标闪烁位右移键。
- Freq、Period 键：循环选择频率和周期，在校准功能时取消校准。
- Ampl、Atten 键：循环选择幅度和衰减。
- Offset 键：选择偏移。
- FM、AM、PM、PWM、FSK、Sweep、Burst 键：分别选择和退出频率调制、幅度调制、相位调制、脉宽调制、频移键控、频率扫描和脉冲串功能。
- Trig 键：在频率扫描，FSK 调制和脉冲串功能时选择外部触发。
- Output 键：循环开通和关闭输出信号。
- Shift 键：选择上挡键，在程控状态时返回键盘功能。
- Sine、Square、Ramp 键：上挡键，分别选择正弦波、方波和锯齿波三种常用波形。
- Arb 键：上挡键，使用波形序号选择 16 种波形。
- Duty 键：上挡键，在方波时选择占空比，在锯齿波时选择对称度。
- Cal 键：上挡键，选择参数校准功能。
- 单位键：下排 6 个键的上面标有单位字符，但并不是上挡键，而是双功能键，直接按这 6 个键执行键面功能，如果在数据输入之后再按这 6 个键，可以选择数据的单位，同时作为数据输入的结束。
- Menu 键：菜单键，在不同的功能时循环选择不同的选项。

二、常用功能键的功能及其操作方法

（1）波形设定：开机后默认“正弦波”。仪器具有 16 种波形（表 B-1），其中正弦波、方波、锯齿波三种常用波形，分别使用上挡键 Shift+Sine、Shift+Square 和 Shift+Ramp 直接选择，并显示出相应的波形符号，其他波形的波形符号为 Arb。全部 16 种波形都可以使用波形序号选择，按上挡键 Shift+Arb，用数字键或调节旋钮输入波形序号，即可以选中由序号指定的波形。

表 B-1　波形序号表

序号	波形	名称	序号	波形	名称
00	正弦波	Sine	08	限幅正弦波	Limit sine
01	方波	Square	09	指数函数	Exponent
02	锯齿波	Ramp	10	对数函数	Logarithm
03	正脉冲	Pos-pulse	11	正切函数	Tangent
04	负脉冲	Neg-pulse	12	Sinc 函数	Sin(x)/x
05	阶梯波	Stair	13	半圆函数	Half round
06	噪声波	Noise	14	心电图波形	Cardiac
07	半正弦波	Half sine	15	振动波形	Quake

（2）频率设定：开机后默认频率 1kHz。按 Freq 键，Freq 键盘灯亮，显示出当前频率值。可用数字键或调节旋钮输入频率值，在输出端口即有该频率的信号输出。使用手轮下面的左、右方向键可改变闪烁的数位，实现粗调或微调。当达到需要值时，停止手轮旋转。手轮设置方式与传统的电位器旋钮相似。

（3）周期设定。按 Freq 键，使 Period 字符灯亮，显示出当前周期值，可用数字键或调节旋钮输入周期值，在输出端口即有该周期的信号输出。但是仪器内部仍然是使用频率合成方式，只是在数据的输入和显示时进行了换算。

（4）调节幅度：开机后默认幅度 1Vpp。按 Ampl 键，Ampl 键盘灯亮，显示出当前幅度值，可用数字键或调节旋钮输入幅度值，在输出端口即有该幅度的信号输出。幅度值的输入和显示有两种格式：峰峰值格式和有效值格式。数字输入后按 Vpp 或 mVpp 可以输入幅度峰峰值，按 Vrms 或 mVrms 可以输入幅度有效值。幅度有效值只能在正弦波、方波和锯齿波三种常用波形时使用，在其他波形时只能使用幅度峰峰值。

最大幅度值和直流偏移应符合下式规定：

$$\mathrm{Vpp} \leqslant 2\times(10-|\mathrm{offset}|)$$

如果幅度设定超出了规定，仪器将修改设定值，使其限制在允许的最大幅度值。

（5）偏移设定。按 Offset 键，Offset 键盘灯亮，显示出当前偏移值。可用数字键或调节旋钮输入偏移值，输出信号便会产生设定的直流偏移。 最大直流偏移和幅度值应符合下式规定：

$$|\mathrm{offset}| \leqslant 10-\mathrm{Vpp}\div 2$$

如果偏移设定超出了规定，仪器将修改设定值，使其限制在允许的最大偏移值内。

（6）占空比设定。如果当前波形选择为方波（包括正脉冲和负脉冲）或锯齿波，可以按上挡键 Duty，显示出当前占空比值，可用数字键或旋钮输入占空比数值，输出即为设定占空比的方波或锯齿波。方波占空比的定义是，方波的高电平部分所占用的时间与方波周期的比值。方波的占空比一般认为是 50%，其他占空比时通常称为脉冲波。锯齿波占空比的定义是，锯齿波的上升部分所占用的时间与锯齿波周期的比值。锯齿波占空比也称为锯齿波对称度，当对称度为 100%时称为升锯齿波，当对称度为 0%时称为降锯齿波，当对称度为 50%时称为三角波。

当方波频率较高时，占空比的设置会受到边沿时间的限制，应符合下式规定：

占空比×周期≥2×边沿时间

或

占空比×周期≤周期–(2×边沿时间)

上述 6 个菜单是 TFG1900B 型全数字合成函数波形发生器最常用的功能，单独给出了直接操作按键。还有 9 个功能键，其功能及其操作方法以及此波形发生器的技术指标详见使用说明书。

附录 C　DS5000 数字存储示波器

示波器是一种用途很广的电子测量仪器，它既能直接显示电信号的波形，又能对电信号进行各种参数的测量，是电工电子实验中心不可缺少的电子仪器。

DS5000 系列示波器具有易用性、优异的技术指标及众多功能特性。例如自动波形状态设置（AUTO）功能，波形设置存储和再现功能，精细的延迟扫描功能，自动测量 20 种波形参数，自动光标跟踪测量功能，独特的波形录制和回放功能，内嵌 FFT 功能，多重波形数学运算功能，边沿、视频和脉宽触发功能，多国语言菜单显示功能等。

一、DS5000 数字存储示波器前面板的介绍

DS5000 数字存储示波器向用户提供简单而功能明晰的前面板以进行基本的操作，如图 C-1 所示。面板上包括旋钮和功能按键，旋钮的功能与其他示波器类似。显示屏右侧的一列 5 个灰色按键为菜单操作键（自上而下定义为 1 号至 5 号）。通过它们，可以设置当前菜单的不同选项。其他按键（包括彩色按键）为功能键，通过它们，可以进入不同的功能菜单或直接获得特定的功能应用。

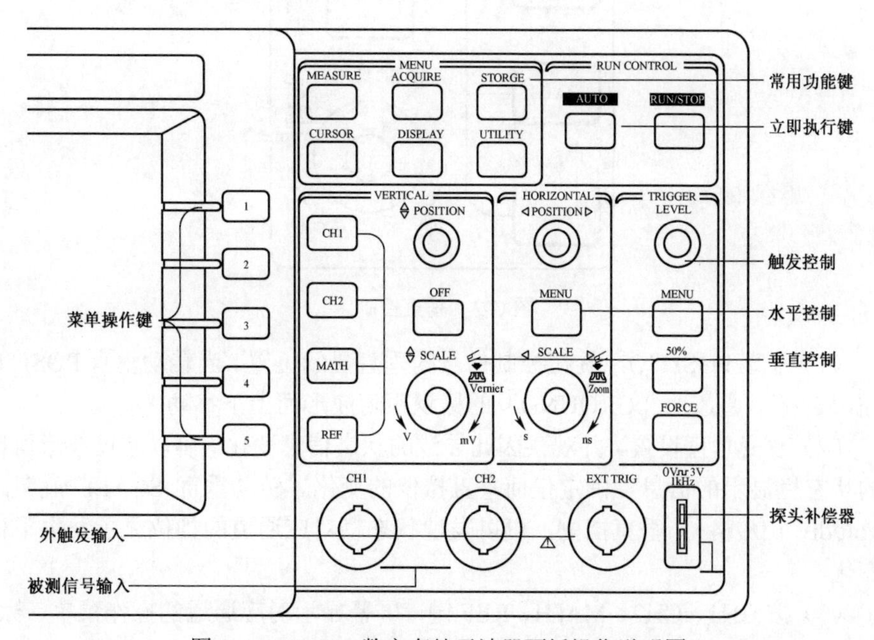

图 C-1　DS5000 数字存储示波器面板操作说明图

二、DS5000 数字存储示波器前面板的常用操作及功能

1. 波形显示的自动设置

DS 5000 系列数字存储示波器具有自动设置的功能。根据输入的信号，可自动调整电压倍率、时基、以及触发方式至最好形态显示。应用自动设置要求被测信号的频率大于或等于 50Hz，占空比大于 1%。

基本操作方法：将被测信号连接到信号输入通道；按下 AUTO 按钮。示波器将自动设置垂直、水平和触发控制。如有需要，可手工调整这些控制使波形显示达到最佳。

2. 垂直系统

如图 C-2 所示，在垂直控制区（VERTICAL）有一系列的按键、旋钮，其基本作用及操作方法如下：

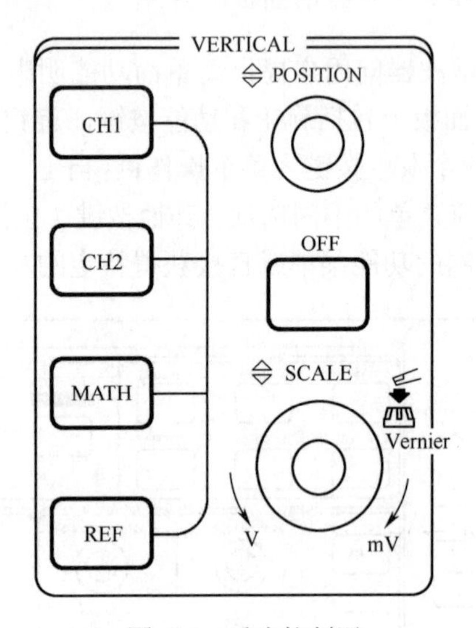

图 C-2 垂直控制区

（1）垂直 POSITION 旋钮控制信号的垂直显示位置。当转动垂直 POSITION 旋钮时，指示通道地（GROUND）的标识跟随波形而上下移动。

（2）改变垂直设置，并观察因此导致的状态信息变化。可以通过波形窗口下方的状态栏显示的信息，确定任何垂直挡位的变化。转动垂直 SCALE 旋钮改变“Volt/div（伏/格）”垂直挡位，可以发现状态栏对应通道的挡位显示发生了相应的变化。

（3）按 CH1、CH2、MATH、REF 键，屏幕显示对应通道的操作菜单、标志、波形和挡位状态信息。

（4）按 OFF 键关闭当前选择的通道。OFF 键还具备关闭菜单的功能，当菜单未隐藏时，按 OFF 键可快速关闭菜单。如果在按 CH1 键或 CH2 键后立即按 OFF 键，则同时关闭菜单和相应通道。

（5）Coarse/Fine（粗调/细调）快捷键：切换“粗调/细调”不但可以通过此菜单操作，还可以通过按下垂直 SCALE 旋钮作为设置输入通道的“粗调/细调”状态的快捷键。

3. 水平系统

如图 C-3 所示，在水平控制区（HORIZONTAL）有一个按键、两个旋钮，其基本作用及操作方法如下：

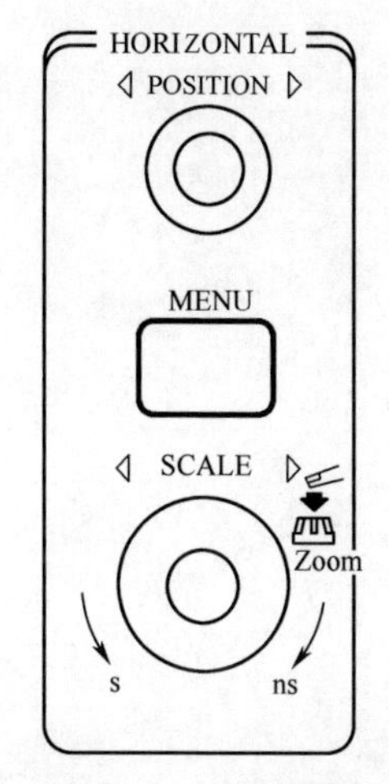

图 C-3　水平控制区

（1）转动水平 SCALE 旋钮改变“s/div（秒/格）”水平挡位，可以发现状态栏对应通道的挡位显示发生了相应的变化。水平扫描速度从 1ns*至 50s，以 1－2－5 的形式步进，在延迟扫描状态可达到 10ps/div*。

注意：“*”表示本系列示波器型号不同，其水平扫描和延迟扫描速度也有差别。

Delayed（延迟扫描）快捷键水平 SCALE 旋钮不但可以通过转动调整“s/div（秒/格）”，更可以按下切换。

（2）使用水平 POSITION 旋钮调整信号在波形窗口的水平位置。水平 POSITION 旋钮控制信号的触发位移或其他特殊用途。当应用于触发位移时，转动水平 POSITION 旋钮时，可以观察到波形随旋钮而水平移动。

（3）按 MENU 按钮，显示 TIME 菜单。在此菜单下，可以开启/关闭延迟扫描或切换 Y－T、X－Y 显示模式。此外，还可以设置水平 POSITION 旋钮的触发位移或触发释抑模式。

4. 触发系统

如附图 3-4 所示，在触发控制区（TRIGGER）有一个旋钮、三个按键，其基本作用及操作方法如下：

（1）使用 LEVEL 旋钮改变触发电平设置。转动 LEVEL 旋钮，可以发现屏幕上出现一条橘红色或黑色的触发线以及触发标志，随旋钮转动而上下移动。停止转动旋钮，此触发线和触发标志会在约 5s 后消失。在移动触发线的同时，可以观察到在屏幕上触发电平的数值或百分比显示发生了变化。在触发耦合为交流或低频抑制时，触发电平以百分比显示。

（2）使用 MENU 调出触发操作菜单，如图 C-5 所示。改变触发的设置，观察由此造成的状态变化。

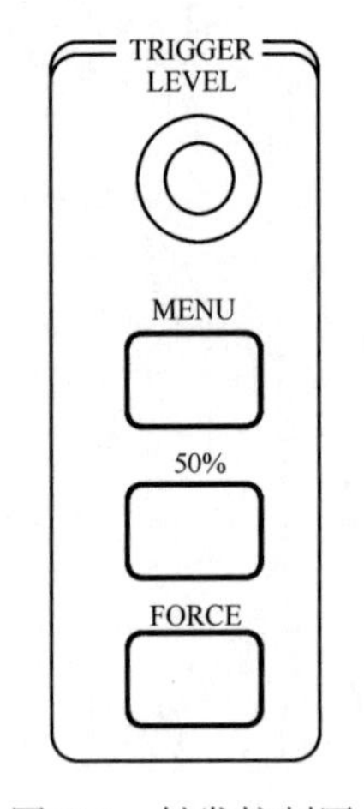

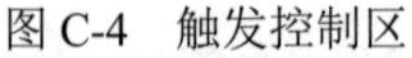
图 C-4 触发控制区

图 C-5 触发操作菜单

1）按 1 号菜单操作键，选择触发类型为边沿触发。

2）按 2 号菜单操作键，选择信源选择为 CH1。

3）按 3 号菜单操作键，设置边沿类型为↑。

4）按 4 号菜单操作键，设置触发方式为自动。

5）按 5 号菜单操作键，设置耦合为直流。

注意：改变前三项的设置会导致屏幕右上角状态栏的变化。

（3）按 50%按钮，设定触发电平在触发信号幅值的垂直中点。

（4）按 FORCE 按钮，强制产生一触发信号，主要应用于触发方式中的“普通”和“单次”模式。

这里只介绍了 DS5000 数字存储示波器的初级功能和使用方法，还有很多高级功能及性能指标可参阅相关使用说明书。